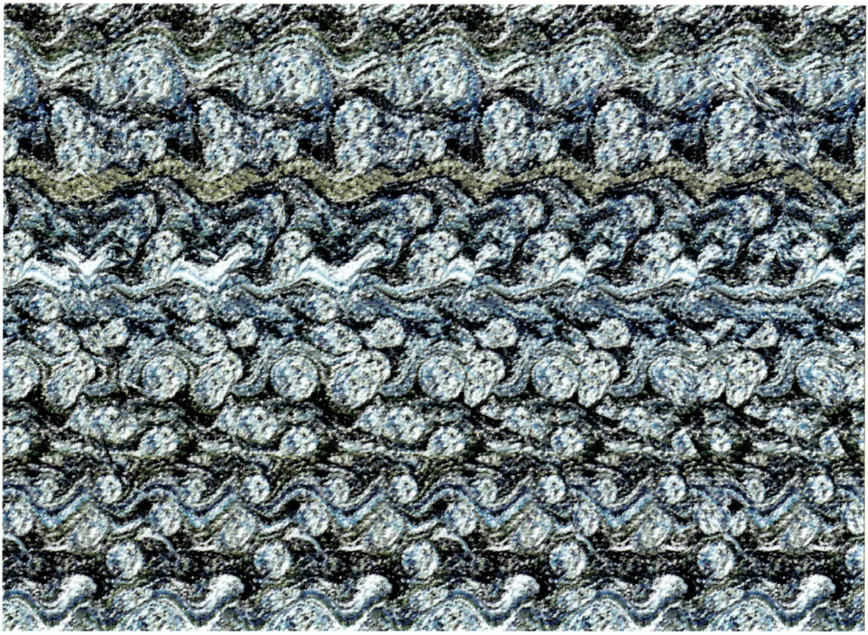

1 · 2005년 10월 10일에 올리버에게 보낸 자동입체화 중 하나. 매직아이 3D 영상을 보려면 먼저 코앞에 그림의 정중앙을 두고 바라봐야 한다. 흐릿해 보일 것이다. 그림을 관통해서 저 너머를 바라보는 느낌으로 눈의 초점을 맞춘다. 그림에서 아주 천천히 얼굴을 떼다 보면 입체감이 느껴지기 시작한다. 이제 가만히 그림을 바라보고 있으면 서서히 숨겨진 착시 영상이 나타날 것이다. 더 오래 보고 있을수록 영상이 더 선명해진다.

2 · 이 오징어
Doryteuthis pealeii
배아는 길이가 겨우
2.4밀리미터다.

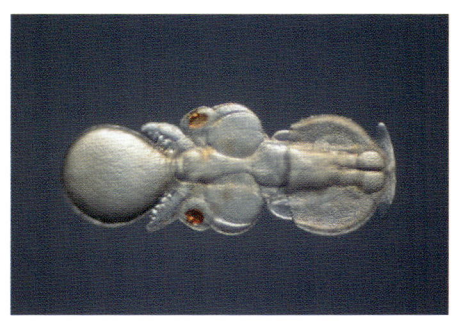

3 · 소철 입체사진.
이 사진을 입체로 보려면 녹색 렌즈가 오른눈에 오도록
적녹 안경을 써야 한다.

4 · 벨라 율레스의 무작위 점 입체화.
적색 렌즈가 오른눈에 오도록 적녹 안경을 쓰면 중앙에 있는
네모가 앞으로 떠오른다. 녹색 렌즈가 오른눈에 오도록 쓰면 중앙
네모가 안으로 움푹 들어갈 것이다.

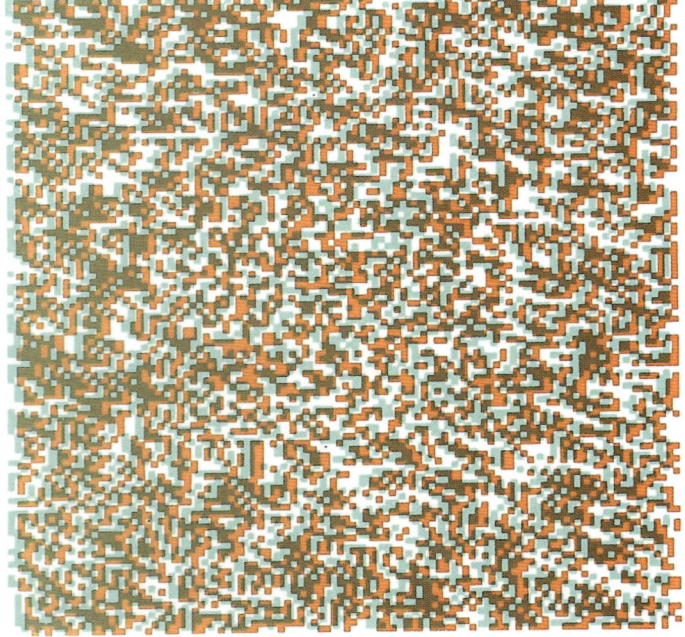

5 ·    테레사 루지에로 박사의 시력훈련실에서 나와 테레사 루지에로, 올리버.

6 ·   이탈리아 레스토랑 스폴레토에서 (왼쪽부터) 테레사 루지에로, 올리버, 내 아들 앤디, 나, 밥 와서먼. 이 사진을 찍은 랠프 시걸은 사진 속에 없다.

7 · 올리버의 아파트에서
올리버와 나.

Dear Oliver

올리버 색스 Oliver Sacks

영국 런던에서 태어나 옥스퍼드대학 퀸스칼리지에서 의학을 공부하고, 미국으로 건너가 베스에이브러햄병원, 컬럼비아대학, 뉴욕대학 등에서 신경과 의사, 교수로 활동했다. 독특한 신경학적 문제를 겪는 환자들의 사연을 따뜻한 시선과 아름다운 언어로 담아 낸 《아내를 모자로 착각한 남자》《화성의 인류학자》《뮤지코필리아》 등이 많은 독자의 사랑을 받았다. 증상과 병명으로 환자를 분류하기보다, 그들 각자가 세상을 인식하고 경험하는 고유한 방식을 포착하고자 한 색스의 기록은 인간 뇌에 관한 현대의학의 이해를 바꾸었다는 평가를 받는다. 《뉴욕타임스》로부터 "의학계의 계관시인"이라는 칭호를 얻었고, 록펠러대학에서 탁월한 과학 저술가에게 수여하는 루이스토머스상을 수상했다. 2015년 안암이 간으로 전이되어 세상을 떠나기 전까지 10여 년간 친구이자 동료 과학자인 수전 배리와 이 책에 실린 편지들을 주고받았다.

수전 배리 Susan Barry

프린스턴대학에서 생물학 박사학위를 받고, 미시건대학 재활의학과 조교수를 거쳐 마운트홀리요크칼리지 생물학 및 신경과학 교수로 재직했다. 어릴 때 사시 교정 수술을 받았으나, 48세에 시력 훈련을 받고서야 난생처음 입체시로 세상을 보기 시작했다. 이 경이로운 시각적 모험을 글로 써서 올리버 색스에게 보내면서 두 사람 사이에 우정이 싹텄다. 입체시는 유년기의 '결정적 시기'에만 발달할 수 있다는 의학계의 통념을 무너뜨린 배리의 이야기는 색스의 글 〈스테레오 수〉와 배리 자신의 저서 《3차원의 기적》을 통해 널리 알려졌다. 노벨 생리의학상 수상자 에릭 캔델은 《3차원의 기적》에 대해 "한 편의 시이자 과학이며, 우리 모두에게 희망을 불어넣어 주는 마법 같은 책"이라고 극찬했다.

DEAR OLIVER

Copyright © 2024 by Susan R. Barry
All rights reserved.
Originally published in the U.S. in 2024 by The Experiment, LLC.
This edition published by arrangement with The Experiment, LLC.
through Danny Hong Agency, Seoul.

이 책의 한국어판 저작권은 대니홍에이전시를 통한 저작권사와의 독점 계약으로 (주)부키에 있습니다. 저작권법에 의해 한국 내에서 보호를 받는 저작물이므로 무단 전재와 복제를 금합니다.

디어 올리버

두 신경과학자가 나눈
우정, 감각, 그리고
인생의 두 번째 시선

수전 배리 + 올리버 색스 지음
김하현 옮김

부·키

옮긴이 **김하현**
서강대학교 신문방송학과를 졸업하고 출판사에서 편집자로 일한 뒤 현재 전문 번역가로 활동하고 있다. 옮긴 책으로 《도둑맞은 집중력》《소크라테스 익스프레스》《아무것도 하지 않는 법》《비바레리농 고원》《한 번 더 피아노 앞으로》《지구를 구할 여자들》《한낮의 어둠》《식사에 대한 생각》《우리가 사랑할 때 이야기하지 않는 것들》《미루기의 천재들》《분노와 애정》 등이 있다.

디어 올리버

초판 1쇄 발행 2025년 8월 30일

지은이 수전 배리, 올리버 색스
옮긴이 김하현
발행인 박윤우
편집 김유진 박영서 박혜민 백은영 성한경 유소영 장미숙
마케팅 박서연 정미진 정시원 조아현 함석영
디자인 박아형 이세연
경영지원 이지영 주진호

발행처 부키(주)
출판신고 2012년 9월 27일
주소 서울시 마포구 양화로 125 경남관광빌딩 7층
전화 02-325-0846 팩스 02-325-0841
이메일 webmaster@bookie.co.kr
ISBN 979-11-93528-80-8 03400

만든 사람들 편집 김유진 · 디자인 박아형

잘못된 책은 구입하신 서점에서 바꿔드립니다.

첫 번째 편지를 부칠
용기를 북돋아 준 댄에게

추천의 말

우리의 눈알은 동그랗다. 허나 눈 뒤편에서 빛을 받아들이는 망막은 평평하다. 사물이 내뿜는 빛은 망막을 통해 뇌에 2차원으로 전송될 수밖에 없다. 그러나 우리가 사는 세계는 3차원이다. 그래서 뇌는 움직이는 2차원의 정보로 3차원의 입체를 만들어 낸다. 태양빛은 항상 위에서 쏟아져서 명암이 지고, 눈은 두 개라서 위치를 미묘하게 다르게 볼 수 있기 때문이다.

《디어 올리버》의 발신자 수는 어렸을 때 사시가 있었다. 두 눈의 초점이 맞지 않으므로 수의 뇌는 한쪽 눈의 정보를 의도적으로 무시했다. 그래서 수는 사물이 2차원으로 보이는 입체맹이 되었다. 뇌의 입체맹은 특정 시기가 넘으면 극복할 수 없다고 알려져 있었다. 하지만 수는 마흔여덟 살에 훈련을 통해 기적적으로 입체맹을 극복했다. 학계에 보고된 바가 없었던 이 사례는 올리버 색스와의 교류를 통해 〈스테레오 수〉라는 불후의 칼럼이 된다. 수가 바라보는 세상이 평면에서 입체(스테레오)로 변모하는 일대기가 이 서간에서 생생하다.

이후에도 그들의 지적 교류는 멈추지 않는다. 수는 신경생물학자기도 했다. 두 사람은 자연계에 존재하는 다양한 감각으로 화두를 돌리고, 서간을 통해 그들의 시야는 점차 넓고 깊어진다. 감각, 감정, 정신을 다루는 문장의 영민함에 감탄이 절로 나온다. 우리 주변에 흔히 존재하는 모든 생명체가 그들의 펜 끝에서 특별하게 변모한다. 둘은 150통의 편지를 주고받으며 지적 존재에 대해 가장 깊이 이해한 두뇌의 교류를 보여 준다.

그럼에도 그들의 육체는 인간의 것이기에 점차 시들어 간다. 심지어 색스 박사는 암 진단을 받고 시력을 점차 상실해 간다. 정신은 스스로를 분석하고 진보하지만 결국 육신에 갇혀 있다는 사실을 바꿀 수는 없다. 투병 중에도 다정함을 잃지 않고 지적 항해를 계속하는 색스 박사와 슬픔에만 침잠하지 않는 위로를 보내는 수의 우정이 눈부시다. 마지막으로, 영면에 드는 순간까지 따뜻한 시선으로 인간을 탐구했던 올리버 색스를 애도한다.

· 남궁인 | 의사, 작가

    내가 처음으로 올리버 색스의 책을 접한 지 거의 이십 년이 흘렀지만, 그는 여전히 내가 제일 좋아하는 작가 중 한 명이다. 그를 통해 배운 것들이 너무 많은데, 그중 하나는 다른 사람을 알고 싶다면, 말을 건네야 한다는 점이다. 이를테면, 당신, 어디가 아파요? 라고. 이야기를 나누지 않으면, 다른 세계로 통하는 문은 절대로 열리지 않는다. 참, 이 단순해 보이는 행위가 왜 그리도 어려운지! 올리버 색스는 바로 이 단순하고도 어려운 행위의 대가였다.
    어쩌면 이 책은 '입체맹'이었던 수전이 입체시를 찾은 후 올리버와 함께 이 세계의 모습을 새롭게 탐험한 여정의 기록이자, 그토록 이 세계의 구석구석을 관찰하는 것을 좋아했던 올리버가 시력을 잃어 가는 동안에도, 그리고 삶의 마지막 순간까지도 그 행위를 멈추지 않기 위해 고군분투한 기록이라고 말해도 좋을 것이다.
    "삶은 지긋지긋한 고난의 연속"일지도 모르지만, 그 고난을 이겨 내게 하는 건, 서로를 꽉 끌어안는 힘이다. 남들은 무심코 지나쳐 버린 것을 위해 기꺼이 멈추어 서고, 타인을 바라보기 위해 눈과 귀를 활짝 열어 두는 것. 그런 식으로 타인의 행복과 슬픔과 기쁨과 상실…을 알아보는 것. 그렇게 탄생하는 방대한 세계, 그리고 그 세계의 연결, 연결들. 고동치는 위로와 사랑, 누구든지 도달하고 싶은 눈부시게 새로운 세상이 이 책 안에, 수전과 올리버의 문장 속에 다 있다.

· 손보미 | 소설가

차례

추천의 말 06

1부 처음 만난 세계

· 뇌리에 박힌 질문 13 · 올리버가 온다 27
· 집요하긴 하지만 특이한 건 아니야 48
· 생체 발광하는 밤바다에서 82 · 작은 개인적 승리 95
· 불길한 연말 104 · 2 허레이쇼 스트리트, #3G 111
· 스테레오 수 114 · 새로운 시작 125 · 모닝 에디션 127
· 저자가 되다 130

2부 감각과 우정

· 단어의 빛깔 155 · 간주곡 I 162 · 행동, 지각, 인지 171
· 텅스텐 생일 185 · 서로를 비추며 나란히 187
· 아우팅 204 · 간주곡 II 208 · 나침반 모자 216
· 삶은 지긋지긋한 고난의 연속 229
· 소파 위의 생명체들 249 · 강철 신경 251
· 다시 돌아온 '스테레오 수' 261 · 세슘과 바륨 생일 264
· 우정의 미적분학 268 · 듣는 법을 배우기 273
· 이리듐 생일 282 · 《마음의 눈》을 읽으며 생각한 것들 284
· 인생의 단 한 순간 291 · 반려 암석 295

3부 두 개의 작별

- 자기 실험 301 · 간주곡 III 324 · 생체전기 330
- 전쟁과 평화 340 · 치유적 뇌 손상 347 · 아버지처럼 350
- 일과 사랑 360 · 납 생일 372 · 마지막 인사 377

감사의 말 383

텍스트 및 이미지 저작권 정보 387

1부

처음

만난

세계

OLIVER SACKS, M.D.
2 HORATIO ST. #3G • NEW YORK, NY • 10014
TEL: 212.633.8373 • FAX: 212.633.8928
MAIL@OLIVERSACKS.COM

2/22/07

Dear Sue,

...

Thanks again for your astounding fist letter.. which was so rich, and so vivid, in so many ways... You are really a great letter-writer ---- this, indeed, is how we became truly acquainted... and this bodes very well for your book. Most of my books have started as letters to colleagues or friends... then and I think of nthe book as a ' letter ' to everybody (at least, to anybody who might be intereste-d). So, for me, the epistolary (in that sense) is an essential element of writing and communicating... and I suspect that this
it may also be so with you.

뇌리에 박힌 질문

2007년 2월 22일

수에게,

…

정말이지 놀라웠던 그 첫 번째 편지에 다시 한번 감사를 전하고 싶습니다… 여러모로 무척 강렬하고 생생한 편지였어요… 교수님은 편지를 참 잘 쓰십니다—그 덕분에 우리가 이렇게 친분을 쌓게 되었지요… 그러니 교수님 책도 잘 나올 겁니다. 내 책들도 대부분 동료나 친구에게 보낸 편지에서 시작되었거든요… 그러고 보니 나는 책을 모두에게(적어도 그 책에 관심이 있는 사람들에게) 보내는 일종의 '편지'로 생각하는 것 같군요. 그렇다면 내게 서간체는 (이러한 의미에서) 글쓰기와 소통의 필수 요소라고 할 수 있겠습니다… 아마 교수님도 마찬가지가 아닐까 싶네요.

올리버 색스가 이 편지를 내게 썼을 무렵, 우리는 이미 2년 넘게 편지를 주고받고 있었다. 종이 위에 써서 봉투에 넣고 미 우편국을 통해 보낸 실물 편지였다. 편지가 시작되었을 때 나는 50대였고 올리버는 70대였다. 나는 마운트홀리요크칼리지의 신경생물학과 교수였고, 올리버는 신경학 병례집으로 이름을 떨친 신경학자이자 베스트셀러 작가였다. 우리의 발걸음이 우편함 앞에 멈춰 설 때마다 만년의 우정이 한 뼘씩 자라났다. 우리는 전부 합쳐서 150통이 넘는 편지를 썼고, 마지막 편지는 올리버가 세상을 떠나기 3주 전에 주고받았다.

∽

누구나 살면서 중요한 갈림길을 만난다. 그중 어떤 것은 직업이나 거주지를 선택할 때처럼 명명백백하다. 그러나 어떤 것은 저 멀리서 꺾이는 우회로처럼 당시에는 사소해 보였다가 나중에야 인생을 바꾼 중요한 결정이었음이 드러난다. 색스 박사에게 '정말이지 놀라웠던 그 첫 번째 편지'를 보낼 때만 해도, 나는 이 편지가 내 생각과 일, 심지어 정체성에 이렇게까지 오래도록 영향을 미치리라고는 전혀 예상하지 못했다.

사실, 나는 그 편지를 부치지 않을 뻔했다.

원래 그 편지는 내 '시력 일지'에 적은 글이었다. 나는 마흔여덟 살까지 사시•에 입체맹이었다. 대다수 사람은 두 눈의 초점을 한곳에 맞춘 다음, 양쪽 눈에 입력된 정보를 뇌에서 통합해 단일한 3차원 이미지를 본다. 그러나 내 눈은 같은 방향을 바라보지 못했다. 그 대신 나는 한쪽 눈으로만 보고 다른 한쪽의 정보는 무시했다. 그래서 3차원으로 볼 수 없었다. 입체시가 없을 때 세상은 어수선하고 납작해 보인다. 그러나 성인이 되어 몇 달간 시력 훈련을 받은 끝에 결국 두 눈의 초점을 한곳에 맞춰 입체의 깊이를 볼 수 있게 되었다. 내 앞에 새로운 세상이 펼쳐졌고, 나는 이 놀라운 변화를 일지에 기록하기 시작했다. 그러다 마침내 이 시력 일대기를 올리버 색스에게 보내는 편지의 형태로 정리해 보면 좋겠다는 생각이 떠올랐다.

나는 색스 박사를 그의 책으로 처음 알게 되었고, 환자에게 깊이 공감하는 통찰력 있는 글에 감탄했다. 게다가 그를 직접 만난 적도 있었다. 9년 전쯤 우주비행사인 내 남편 댄이 존슨우주센터에서 색스 박사와 만나 안면을 텄다. 그 뒤로 첫 우주선 탑승을 기념하는 행사에 색스 박사를 초대했고, 그가 초대에 응했다

• 두 눈이 똑바로 정렬하지 않는 상태를 뜻한다. 수평 부정렬은 내사시나 외사시를 유발하며, 이 외에 수직 부정렬도 있다.

는 소식에 나는 무척이나 기뻤다. 행사 때 우리는 고작 5분간 대화했을 뿐이지만, 그날 색스 박사가 내게 던진 질문은 이후로도 계속 내 뇌리에 박혀 있었다. 나는 시력 훈련을 통해 시각적인 깨달음의 순간을 잇달아 경험하면서 점점 더 자신감 있게 그 질문에 대답할 수 있게 되었고, 머릿속에서 색스 박사와 몇 번이고 대화를 나누었다. 이 일지는 그 내적 대화의 연장선이었다.

색스 박사님께,

우리는 1996년 1월 10일에 만난 적이 있습니다. 제 남편 댄 배리가 우주왕복선을 타고 첫 임무를 떠나기 전날 밤이었어요. 우리가 만난 플로리다의 케네디우주센터에서 저는 우주선 발사를 구경하러 온 손님들을 대접하고 있었습니다. 그때 우리는 사람들이 저마다 다양한 방식으로 세상을 지각한다는 이야기를 나누었지요. 저는 제 지각 방식이 보통 사람들과 다소 다르다고, 그건 늘 한쪽 눈으로만 세상을 보기 때문이라고 말했습니다. 저는 사시였고, 오로지 한쪽 눈으로만 세상을 바라보았습니다. 박사님은 양쪽 눈으로 바라보는 세상이 어떤 모습일지 상상할 수 있느냐고 물으셨어요. 저는 상상할 수 있다고 답했고요. 어쨌든 저는 마운트홀리요크칼리지의 신경생물학 교수니까요. 시각 처리와 양안시, 입체시에 관한 논문을 그간 수없이 많이 읽었지요. 저는 그렇게 얻은 지식으로 제게 없는 것이 무엇인지 제대로 이해하고 있다고 생각했습니다. 그러나 그건 착각이었어요.

뛰어난 검안사의 조언에 따라 새 안경을 맞추고 매일 시력 훈련을 거듭한 덕분에, 지난 2년간 저는 비로소 두 눈을 함께 사용하는 법을 터득했습니다. 시각의 변화는 정말 대단했어요. 이제 세상은 더 둥글고, 더 넓고, 더 깊고, 더 질감이 살아 있고, 더 세밀합니다. 가장 놀라운 점은 물체 사이의 빈 공간을 볼 수 있다는 것입니다. 제 시력은 계속해서 바뀌며 나날이 제게 새로운 기쁨과 놀라움을 안겨 줍니다. 이러한 변화를 경험했다고 말하는 사람을 본 적이 없는 터라, 지금부터 제 이야기를 상세히 풀어놓으려 합니다.

여기서부터 나는 내 시력의 일대기를 빽빽한 아홉 페이지 분량으로 쏟아 냈다. 내가 태어나고 얼마 지나지 않아 부모님이 나의 사시를 발견했으나, 의사들은 시간이 지나면 아마 괜찮아질 거라고 했다. 내가 여전히 사시였던 두 살 때 우리 가족은 코네티컷으로 이사했고, 그곳에서 예일뉴헤이븐병원의 저명한 안과 의사인 로코 파사넬라에게 진찰을 받았다. 그분은 새 안경을 처방하고 내가 두 살과 세 살, 일곱 살 때 총 세 번 안구 근육 교정 수술을 해 주었다. 수술 후 내 눈은 더 똑발라졌다. 하지만 처음에 나는 학교에서 글 읽기를 힘들어했고 자전거 타는 법도 힘겹게 배웠다. 몇 년 뒤부터는 더 이상 그분에게 진료받지 않았다.

    4학년 때 마지막으로 파사넬라 선생님을 찾았습니다. 선생님은 제 안경을 벗기며, 이제 비행기 조종만 빼면 정상 시력인이 할 수 있는 일은 저도 무엇이든 다 할 수 있다고 말했습니다. 제게 양안시*가 없다는 것을 누구도 말해 주지 않았고, 저는 대학교 3학년이 될 때까지도 그 사실을 까맣게 모르고 지냈습니다. 제 눈은 더 이상 사시처럼 보이지 않았고, 두꺼운 안경도 쓰지 않았습니다. 야구 포수 마스크처럼 생겨서 피구의 재미를 앗아가는 거추장스러운 안경 보호대를 착용하지 않고 쉬는 시간에 마음껏 뛰어놀 수도 있었고요.** 저는 제가 다 치료된 줄 알았습니다.

    수술은 미용 면에서 성공적이었습니다. 겉으로 보기에 제 눈은 이제 똑발랐어요. 가끔 눈이 가운데로 모여도 오로지 부모님만 그걸 알아차렸고, 그럴 때면 이렇게 주의를 주시곤 했습니다. "눈에 힘 줘라." … 먼 곳을

- •   두 눈에서 얻은 정보를 동시에 처리하는 능력을 말한다.
- •• 1960년대에는 안경을 유리로 만들었기 때문에, 공에 맞아서 유리가 깨지지 않도록 이런 끔찍한 안경 보호대를 착용해야 했다.

보고 싶으면 양쪽 눈이 서로 멀어지도록 바깥쪽 위로 열심히 힘을 줘야 했습니다. 여기에 더해 얼굴이 작고 눈이 큰 탓에, 저는 화들짝 놀란 벌레 같은 인상을 갖게 되었습니다. 학교 친구들은 저를 '개구리눈'이라고 불렀어요. 그리 유쾌한 별명은 아니었지만 상관없었습니다. 저는 똑바른 제 눈이 자랑스러웠거든요.

몇 년 뒤 나는 내가 '치료'되지 않았다는 것을 깨달았다. 대학에서 신경생리학 수업을 듣다가 내가 대다수 사람과 다르게 본다는 사실을 알게 된 것이다.

신경생리학 교수님은 시각피질의 발달과 안구우세기둥ocular dominance columns(시각피질에 줄무늬처럼 배열된 신경세포 집단으로, 각 기둥은 주로 한쪽 눈에서 들어온 시각 정보에 반응한다·옮긴이), 단안시와 양안시, 인위적으로 사시로 길러진 고양이 실험에 대해 설명했습니다. 그러면서 이 고양이들은 아마 양안시와 입체시가 없을 거라고 했어요. 저는 어안이 벙벙해졌습니다. 세상을 보는 다른 방식이 있다는 것을 전혀 몰랐으니까요. 제가 운전 실력이 형편없고 재봉틀을 잘 다루지 못하는 이유가 어쩌면 이것이었을지도 모릅니다.

저는 도서관에 가서 과학 논문을 뒤졌습니다. 찾을 수 있는 입체시 검사를 모조리 다 해 봤고 전부 통과하지 못했습니다. 세 번째 수술 이후에 선물받은 장난감 입체경에선 원래 3차원 이미지가 보여야 한다는 사실도 알게 되었어요. 부모님댁에서 그 오래된 장난감을 찾아 들여다봤지만 3차원 이미지는 보이지 않았습니다. 다른 사람들은 전부 볼 수 있었는데도요.

그로부터 20년 넘는 세월이 흘렀고, 중년이 되자 내 시력은 더욱 나빠졌다. 먼 곳을 보면 모든 것이 미세하게 흔들렸다. 그래서 인근 지역에서 전 연령대의 환자에게 시력 훈련을 제공하는 테레사 루지에로Theresa Ruggiero 박사를 찾아갔다. 처음 만났을 때 루지에로 박사는 내 눈이 수직으로나 수평으로나 정렬이 아니라고 말했다. 오른눈이 왼눈보다 더 아래를 봤기 때문에, 박사는 내 안경 오른쪽에 프리즘 렌즈를 처방해 두 눈 사이의 (수평이 아닌) 수직적 불균형을 완화했다. 나는 프리즘 안경을 받고 나서 시력 훈련을 시작했고, 내가 '구슬 훈련'이라고 칭한 브록 스트링Brock string 안구 정렬 훈련에 특히 깊은 감명을 받았다.

이 지점이 정말 놀라운 부분입니다. 첫 번째 구슬 훈련을 마치고 나서 차로 돌아와 무심코 운전대를 힐끗 쳐다봤어요. 그랬더니 운전대가 계기판에서 '튀어나와'

보이는 게 아니겠어요? 한쪽 눈을 감았다가, 다른 쪽 눈을 감았다가, 다시 두 눈으로 바라봐도 운전대는 분명히 평소와 달라 보였어요. 저는 석양빛이 무슨 농간을 벌이는 거라고 생각하며 운전해서 집으로 돌아왔습니다. 다음 날 아침에 일어나서 다시 안구 훈련을 하고(요즘도 매일 아침 하고 있습니다), 출근하려고 차에 올라탔습니다. 그런데 백미러를 쳐다봤더니 이번엔 백미러가 앞 유리에서 튀어나와 보이는 거예요.

그 후로 몇 달간 제 시력은 완전히 달라졌습니다. 그때까지 저는 제가 무엇을 못 보고 있는지 전혀 몰랐어요. 이제는 평범한 것들이 특별해 보이기 시작했습니다. 조명이 둥둥 떠올랐고 수도꼭지가 허공으로 툭 튀어나왔어요.

나는 일지에 기록해 두었던 온갖 평범하지만 놀라운 광경을 전부 편지에 적었다. 열린 문이 이제 내 쪽으로 툭 튀어나와 보인다는 것, 밥그릇에 올려 둔 포크가 전과 다르게 보이는데 그건 포크가 밥그릇 위에 어떻게 떠 있는지 보이기 때문이라는 것, 나무 이파리들 사이의 빈 공간이 만져질 듯 뚜렷해 보인다는 것, 말의 해골 표본에서 두개골이 앞으로 너무 튀어나와 보여서 가까이 다가가다가 비명을 지르며 황급히 뒷걸음질 쳤다는 것, 도로가 지평선 위로 더 멀리 펼쳐지고 차선 간격이 더 넓어 보이고 차를 회전할 때 길모퉁이가 덜 갑작스럽게 느껴진다는 것.

모든 것이 더 선명합니다. 사물의 가장자리가 전처럼 흐릿하지 않고 또렷하고 명료해요. 프리즘 렌즈 때문일까요? 두 눈을 동시에 사용해서 세상을 바라보기 때문일까요? 한쪽 눈만 사용하면 늘 시각 정보의 절반만 얻는 셈이니까요. 제 시각피질에 원래부터 양안 세포가 있었을까요? 그 세포들은 적절한 정보가 입력되기만을 기다리고 있던 걸까요? 이 질문들에 다 답할 수는 없지만, 이 상황이 몹시 즐겁다는 것만은 분명하게 말할 수 있습니다. 요즘 저는 오랫동안 느끼지 못한 기쁨의 순간, 어린아이 같은 환희를 만끽하고 있어요. 전과는 완전히 다른 방식으로 세상을 바라보고 있습니다.

...

게다가 평평한 2차원의 광경에도 깊이감이 생겼습니다. 원근법으로 그린 그림이 전보다 더 입체적으로 보입니다. 이러한 경험을 하다 보니, 양안시를 가진 사람이 단순히 한쪽 눈을 감는다고 해서 과연 단안시로 보이는 세상을 경험할 수 있을지 의문이 듭니다. 한쪽 눈을 감아도 그 사람은 평생 축적된 시각적 경험을 바탕으로 3차원 이미지를 만들어 낼 수 있으니까요. 친구들에게 제가 바라보는 세상이 어떻게 달라졌는지 설명하려 했지만 다들 난처한 듯 저를 쳐다볼 뿐이었어요. 제 시력 변화를 그들에게 체감하게 할 방법이 전혀 없었죠. 신경과학자를 비롯한 많은 사람이 자기 눈에 보이는 것은 뇌가 해석하고 창조한 결과물임을 알고 있습니다. 하지만 저처럼 무언가를 볼 때마다 그 사실을 떠올리지는 않는 듯합니다. 그래서 제가 발견한 이 새로운 세상은 혼자 조용히 즐기는 것이 가장 좋겠다는 결론을 내렸어요.

나는 색스 박사에게 딱 한 번 양안시가 해로웠던 때가 있었다고 말했다. 내 시력이 달라지기 시작하고 약 1년이 지났을 무렵, 우리 가족은 하와이로 여행을 떠났다. 카우아이에서 우리는 아름다운 협곡이 내려다보이는 관광 명소에 들렀다. 경치를 구경하려고 곧장 난간 앞으로 다가갔다. 그러자 내가 말도 안 되게 깊은 협곡 위에 둥둥 떠 있는 것 같았고, 그 느낌이 너무나 강렬했다. 나는 난간에서 뒤로 물러나 멀찌감치 서서 경치를 감상했다. 그리고 그날 하이킹을 하는 내내 아이들과 남편이 낭떠러지 가까이 다가갈 때마다 기겁했다.

나는 달라진 시력 때문에 때로는 도깨비집에 들어온 것 같고, 약에 취한 듯한 기분이 들기도 하지만, 대체로는 이 새로운 세상이 편안하고 더없이 감사하다고 썼다.

잿빛만 보다가 갑자기 총천연색을 볼 수 있게 된 사람을 상상해 보세요. 그 사람은 아마 이 세상의 아름다움에 넋이 나갈 겁니다. 그가 보는 것을 멈출 수 있을까요? 매일 저는 강렬한 3차원의 감각을 느끼려고 꽃이나 제 손가락, 수도꼭지 같은 평범한 사물을 빤히 쳐다봅니다. 밤에는 침대에 누워서 입체경을 들여다봐요. 거의 3년이 지났는데도 여전히 새로운 시력이 놀랍고 즐겁습니다.

   어느 겨울날 저는 후딱 점심을 해치우려고 강의실에서 매점으로 서둘러 이동하고 있었어요. 강의실 건물에서 겨우 몇 발짝 걸어 나왔을 때, 저는 돌연 멈춰 섰습니다. 커다랗고 촉촉한 눈송이들이 제 주위로 나풀나풀 떨어지고 있었어요. 이제 눈송이 사이사이의 공간을 볼 수 있었고, 모든 눈송이가 아름다운 3차원의 춤을 추는 것 같았습니다. 옛날 같았다면 눈은 제 바로 앞에 펼쳐진 한 겹의 막 속에서 평평하게 떨어졌을 거예요. 마치 그와 동떨어진 곳에서 눈을 건너다보는 것처럼 느껴졌을 테죠. 하지만 그날 저는 떨어지는 눈 속에, 눈송이 사이에 있는 기분이 들었습니다. 점심 먹는 것도 잊고 한참 동안 눈 내리는 풍경을 바라보며 기쁨으로 가슴이 벅차올랐습니다. 눈은 대단히 아름다울 수 있습니다. 눈을 처음 보는 사람에게는 더더욱요.

글을 끝마치고 일지에 넣으니 마음이 편안했다. 어린 시절의 경험을 기록하고 최근의 일지와 함께 보관함으로써 내 시력의 일대기를 한곳에 정리해 보존한 셈이었다. 그러나 알고 보니 이 일지는 내 시각적 모험의 종지부가 아닌, 완전히 새로운 방향의 인생을 예고하는 서곡이었다.

다음 날 댄에게 글을 보여 주자 댄은 색스 박사에게 보내 보라고 부추겼다. 나는 망설였다. 아무도 내 말을 믿지 않을 것 같았다. 평생을 사시로 살다가 마흔여덟 살의 나이에 입체시를 얻었다는 이야기는 시각 발달에 '결정적 시기'가 있다는 반세기간의 연구 결과를 뒤집는 것이었기 때문이다. 이 연구들에 따르면 입체시는 오직 유아기에만 발달할 수 있었다. 나는 마운트홀리요크칼리지의 생물학 및 신경과학 교수로서 이 연구들을 잘 알았고, 수업 시간에 이 결정적 시기에 대해 수차례 가르치기도 했다. 실제로 지금 내가 3차원을 보고 있다고 스스로 납득하는 데만도 수개월이 걸렸다. 그렇다면 다른 사람들은 어떻게 납득시킨단 말인가?

게다가 색스 박사가 내 말을 믿어 준다고 해도, 내 시력에 일어난 변화가 얼마나 새롭고 경이로운지 과연 그가 이해할 수 있을까? 힘겹게 새로 얻은 입체시는 내게 너무나도 소중했다. 다른 사람이 내 경험을 심하게 부풀린 과장으로, 더 나아가 망상으로 치부하는 건 견딜 수 없었다. 내가 이런 위험을 감수하고 올리버 색스에게 편지를 보낼 수 있을까?

색스 박사의 저서 《깨어남》을 읽고 받은 첫인상을 다시 떠올렸다. 그 책에서 그는 중증 파킨슨병으로 수십 년간 움직임과 생각이 얼어붙은 사람들을 묘사했다. 색스 박사가 엘도파를 투약하자 환자들이 되살아났다. 그들은 움직이고, 말하고, 머릿속에 생각이 밀려들었다. 색스 박사는 이 환자들을 관찰하고 그들의 말에 귀 기울였다. 그러나 더욱 중요한 것은, 그가 "파킨슨병을 앓는다는 것, 엘도파를 투약받는다는 것, 그리고 완전히 달라진다는 것이 어떤 느낌인지를" 상상하려고 애썼다는 것이다. 색스 박사는 환자들을 연민했을 뿐만 아니라 그들에게 공감했다.

물론 나의 시력 변화는 이 환자들의 변화만큼 파란만장하진 않았지만 어쨌든 인생을 바꾼 뜻밖의 사건이었다. 어쩌면 색스 박사는 세상이 내게 얼마나 달라 보이고, 다르게 느껴지는지를 상상할 수 있을지도 몰랐다. 나는 망설이면서도 희망을 품고, 또 댄의 격려에 힘입어, 일지에 기록한 편지를 색스 박사에게 보내기로 했다. 편지 마지막에 짧은 글과 서명을 덧붙였다.

> 여기까지가 저의 이야기입니다. 시간과 의향이 있을 때 박사님의 의견을 보내주신다면 무척 감사하겠습니다. 아, 저는 물론 박사님의 다음 책을 손꼽아 기다리고 있답니다.
> 마음을 담아,
> *Sue Barry*

그리고 용기를 잃기 전에 편지를 얼른 우체통에 집어넣었다.

올리버가 온다

색스 박사는 내 편지를 받고 며칠도 채 지나지 않아 답장을 보냈다. 우편함에 너무 순식간에 답장이 도착해서, 일 잘하는 조수가 편지는 감사하지만 박사님은 쏟아지는 다른 서신들로 바쁘다는 내용의 형식적인 답장을 대신 보낸 줄 알았다. 그러나 내가 받은 것은 두꺼운 크림색 편지지에 (타자기로) 내용을 적고, 자기 주소 옆에 갑오징어 그림을 그려 넣은 전형적인 색스의 편지였다. 손 글씨로 직접 단어를 추가하거나 선을 그어 지운 부분도 있었다. 이 편지에서 그는 (이후에 그가 보낸 모든 편지에서 그랬듯) 내 설명에 진심으로 화답했다.

색스 박사가 신경학적 관점에서 내 이야기에 관심을 가져 주길 바라긴 했지만, 처음 편지를 쓸 당시만 해도 그가 온갖 입체적인 것을 사랑하며 뉴욕입체협회의 자랑스러운 '정회원'이라는 사실은 알지 못했다. 한참 뒤에 그의 친한 친구에게 들었는데,

색스 박사는 그때 내 편지를 받고 몹시 흥분했고, 나중에 본인도 내 편지를 읽고 "머리카락이 쭈뼛 섰다"고 한다. 색스 박사는 늘 입체시로 보는 세상이 단안시로 보는 세상보다 훨씬 다채로우며 아예 질적으로 다를 거라고 추측했고, 시과학자들조차 그 차이를 제대로 실감하지 못한다고 생각했다. 내게 보낸 답장 속의 극진하고 열정적인 표현에서 그가 느꼈던 감정이 잘 드러난다.

OLIVER SACKS, M.D.
2 HORATIO ST. #3G · NEW YORK, NY · 10014
TEL: 212.633.8273 · FAX: 212.633.8928
MAIL@OLIVERSACKS.COM

January 3, 05

1)

Dear Mrs. Barry,

re: eve of STS-72 ,

    I have vivid memories of that night, and have received Christmas/New Year cards from the two of you (or all of you) over the years, but have not, I'm afraid, been anything of a correspondent.

    But your letter of the 29th fills me with amazement --- and admiration , at your welcoming your ' new ' world ' of visual space and with such openness and wonder - even if it meant your developing a fear of heights in Kauai - and at your describing it with such care, and lyricism and accuracy .

    Amazement, because it has been ' accepted ' for years (but clearly Dr. Ruggiero had evidence and thoughts to the contrary) that if binocular vision was not adhieved by a ' critical age ' (supposedly of some months), then stereopsis would never occur. Talking to Jerry Bruner, the psychologist, who was born with congenital cataracts which were not operated on until he was eighteen months old, seemed to confirm this. On one occasion he told me how, lacking natural lenses, with their slight yellowish tint, he could see some way into what I would call the ' ultraviolet '. I asked him, breathlessly what this was like. He answered " I can no more tell you than you could tell me what stereopsis is like ". Bertrand Russell contrasts ' knowledge by description ' with 'knowledge by acquaintan - and you give wonderful descriptions of how utterly they differ, of how the greatest formal or secondary knowledge can never approach actual experience... .

    I need to thi nk carefully about what you describe, and perhaps discuss it, if I may, with a friend in visu al physiology. I think your experience & account ought to be published , ine some form or

OLIVER SACKS, M.D.
2 HORATIO ST. #3G · NEW YORK, NY · 10014
TEL: 212.633.8373 · FAX: 212.633.8928
MAIL@OLIVERSACKS.COM

2)

another, in view of the physiological or psychophysiological revision it seems to call for ; and, at a more personal level, the hope it may give for those who have long ' accepted ', at one level or another, that they are condemned to live in a ' flat ' world. I also think that the sheer exuberance you convey, at a sort of visual re-birth, is the sort of thing which can remind us that stereospsis (like all our perceptual powers) is a miracle and privilege, and not to be taken for granted. If one has (say) stereopsis all the while, one may indeed take it for granted ; but if, as with you, one lacked it, and was then ' given ' it – then it come as a wonder and revelation. This too needs to be brought out.

For one reason or another, I have never taken my own steropsis for granted, but have found it an acute or recurrent source of pleasure/ wonder for much of my life. This led me, as a boy, to experiment with stereo-photography, hyper-stereoscopes. pseudo-scopes, etc (I am still, in my eighth decade, a member of the New York and also the International Stereoscopic Society). And it caused me to pay special attention to an odd experience, in 1974, when (due to visual restriction, or rather spatial restriction) I was to discover how my own stereoscopy had been ' collapsed ', and how it re-expanded over the course of an hour or so, when I was replaced in a large space (I enclose a copy of the relevant pages from A LEG TO STAND ON).

So, many thanks for writing to me at such length, letting me share and ponder your experiences ... and let us keep in touch.

OLIVER SACKS, M.D.
2 HORATIO ST. #3G · NEW YORK, NY · 10014
TEL: 212.633.8373 · FAX: 212.633.8928
MAIL@OLIVERSACKS.COM

3)

Jan 4.   I have taken the liberty of discussing what you describe
with two colleagues of mine (Bob Wasserman, an
ophthalmologist, and Ralph Siegel, who works in visual physiology), and
they were as intrigued as I was, and raised a number of questions.
One such , raised by Dr. Wasserman, and related to your mentioning
that your eyes converged a few inches from your face, was whether
you were readily able to thread a needle - which he thinks would
be very difficult without stereopsis.   Dr. Wasserman spoke very
highly of Dr Fasenella.   Another question was whether the <u>vertical</u>
misalignment, which Dr. Ruggiero picked up (and corrected, with a
prism)   had been present from the start, or whether it developed
later in your life.   And whether there is still what Dr. Wasserman
calls some ' micro-strabismus ', even though this might not be
symptomatic. Other questions relate to problems with motion-perception
(at least perceiving when <u>you</u> are in motion)

     As you perhaps know I have written about people who have
no perception or idea of <u>color</u>, and would sometimes ask them how
they conceived of color, and whether (if it were possible to
' give ' them the capacity to see it) what this might mean to them.
The question is a tantalizing one, because there is no known way
og ' giving ' an achromatope color ' and, additionally, some of them
say that they think the sudden addition of color - which never
having been perceived before, and so having no associations or ' meaning ' -
might be very confusing to them.   But it is clear that the addition of
' depth ' or ' space ' to your visual world has been (almost) wholly
positive

     S o many qyestions ! Since you have favored me with your
story, and ask my thoughts, I think (over and anove anything I can   say
here) that I would like to <u>visit</u> you, and perhaps to do so in company
with my old friends & colleagues Bob W and Ralph S, who could explore and
check aspects of your visual perception which I myself could not do. (the
three of us formed a ' team ' when seeing the colorblind painter, whom I
wrote it, and the middle-aged man, 'Virgil ' who was given vision after
being virtually blind from birth I wrote about both of these
 in my Anthropologist on Mars book).

OLIVER SACKS, M.D.

2 HORATIO ST. #3G • NEW YORK, NY • 10014
TEL: 212.633.8373 • FAX: 212.633.8928
MAIL@OLIVERSACKS.COM

4

You asked for my response to your story, and perhaps this is too much of a response ! (I am reminded of how, as soon as I heard Virgil's ' story '. I wanted to fly down to Atlanta to see him...).

But give me your thoughts on whether such a visit, to meet you, and to explore various aspects of visual perception with you, would be agreeable...

If it would be, we can work details later.

Again, thank you so much for sharing your experiences and thoughts with me, and - really --- opening a new realm.

My warmest good wishes to you, Dan,

Oliver Sa

2005년 1월 3일

배리 교수님께,

(STS-72 임무가 있기 전날이었던) 그날 밤과 몇 년간 두 분께(또는 두 분의 가족 분들께) 크리스마스/새해 축하 카드를 받았던 것을 또렷하게 기억하고 있습니다. 죄송하게도 제가 답장을 보낸 적은 없었지요.

그러나 교수님의 29일 자 편지를 받고 저는 놀라움과 감탄을 금치 못했습니다. 새로 만난 (시각적) 공간의 '세계'를 이토록 열린 마음으로 경탄하며 맞이하고ㅡ비록 카우아이에서는 고소공포증을 느꼈지만ㅡ그 경험을 이토록 섬세하고 시적이고 정확하게 설명하시다니요.

무척 놀랍습니다. '결정적 시기'(아마도 생후 몇 개월)에 양안시를 얻지 못하면 영영 입체시를 얻을 수 없다는 것이 오랫동안 '정설'로 받아들여지고 있으니까요(루지에로 박사에게는 이에 반하는 증거와 생각이 있겠지요). 선천성 백내장으로 생후 18개월에 눈 수술을 받은 심리학자 제리 브루너와 제가 나눈 대화도 이러한 통설을 뒷받침하는 듯 보입니다. 언젠가 그는 자신이 약간 누런 빛을 띠는 자연 수정체가 없어서 제가 '자외선'이라고 생각하는 것을 볼 수 있다고 말했습니다. 저는 흥분해서 그게 어떤 모습이냐고 물었어요. 그는 "당신이 입체시가 어떤 것인지 말로 설명할 수 없듯이, 나도 그럴 수 없어요"라고 대답했습니다. 버트런드 러셀Bertrand Russell은 '기술적 지식'과 '직접적 지식'을 구별하지요. 교수님께서는 이 두 가지가 판연히 다르며, 형식적 지식이나 이차적 지식이 아무리 훌륭하더라도 결코 실제 경험을 따라잡지 못한다는 사실을 근사하게 설명하셨습니다…

교수님의 설명을 더 고심해 보고, 시각 생리학을 연구하는 친구와 함께 논의해 봐도 괜찮을지요. 저는 교수님의 경험과 이야기를 어떤 형태로든 발표해야 한다고 생각합니다. 생리학이나 정신생리학의 통설을 수정해야 할 수도 있고, 개인적인 차원에서는 영원히 '납작한' 세상에서 살아야 한다는 운명을 이미 오래전에 어느 정도 '받아들인' 사람들에게 희망이 될 수도 있기 때문입니다. 또한 교수님께서 일종의 시각적 재탄생을 경험하면서 느낀 더없는 충만함을 통해 (우리가 지닌 모든 지각 능력과 마찬가지로) 입체시가 당연시하지 말아야 할 하나의 기적이자 특권이라는 사실을 모두에게 일깨울 수 있길 기대합니다. (예를 들어) 평생 입체시를 가지고 살아온 사람은 입체시를 당연하게 여길 수도 있겠지만, 교수님의 경우처럼 입체시가 없었다가 나중에 '주어진' 경우에는 그러한 능력이 경이롭고 충격적인 경험으로 다가오는 것이지요. 이 점도 세상에 알려야 합니다.

이런저런 이유로 저는 저의 입체시를 한 번도 당연시한 적이 없습니다. 제 삶에서 입체시는 거의 언제나 강렬하고도 반복적인 기쁨/경이의 원천이었습니다. 그래서 어렸을 때 입체사진과 초입체경, 가짜 입체경 등등을 실험하기도 했지요. (70대인 지금도 저는 뉴욕 및 세계 입체협회의 회원으로 활동하고 있습니다.) 또한 이러한 이유로 1974년에 겪은 기이한 경험에 각별히 더 주목하게 되었습니다. 그때 저는 (시각적 제약, 더 정확히 말하면 공간적 제약 때문에) 입체시가 '무너졌다가', 더 넓은 공간으로 옮겨진 뒤 약 한 시간에 걸쳐 복구되는 경험을 했습니다. (《나는 침대에서 내 다리를 주웠다》에서 이때의 일을 묘사한 부분을 동봉합니다.)

~~상세한 편지로 교수님의 경험을 함께 숙고할 수 있게 해 주셔서 무척 감사드립니다⋯ 앞으로도 계속 연락할 수 있기를 바랍니다.~~

—

1월 4일. 제멋대로 동료 두 명(안과의인 밥 와서먼과 시각 생리학을 연구하는 랠프 시걸)과 교수님의 사례를 논의했습니다. 둘 다 저처럼 매우 흥미로워하며 질문을 쏟아 내더군요. 얼굴과 가까운 지점에 두 눈의 초점을 맞추었다고 말씀하신 부분과 관련해서 와서먼 박사가 물은 질문 중 하나는, 손쉽게 바늘에 실을 꿸 수 있는가 하는 것입니다. 박사는 입체시가 없으면 그러기 매우 어려우리라고 생각합니다. 또한 와서먼 박사는 파사넬라 박사를 크게 칭찬했습니다. 또 다른 질문은, 루지에로 박사가 발견한 (그리고 프리즘으로 교정한) <u>수직적</u> 부정렬이 처음부터 존재했는가, 아니면 나이가 들면서 생겨났는가 하는 것입니다. 와서먼 박사가 '미세-사시'라고 칭한 것이 여전히 남아 있는지도 궁금합니다. 별다른 증상은 없을지도 모르지만요. 나머지 질문은 운동지각의 어려움(최소한 <u>자기</u> 몸의 움직임을 지각할 때)에 관한 것들입니다.

 아마도 아시겠지만, 저는 <u>색채</u>를 인식하지 못하거나 아예 색채 개념이 없는 사람들에 관해 글을 쓰면서 이따금 그들에게 색을 어떻게 상상하는지, (만약 색깔을 볼 수 있는 능력이 주어진다면) 그것이 본인에게 어떤 의미일지 물어보곤 합니다. 참 가혹한 질문인데, 색맹에게 색깔을 '줄 수 있는' 방법은 존재하지 않기 때문입니다. 게다가 어떤 사람들은 갑작스럽게 색이 주어지면 무척 혼란스러울 수도 있다고 말합니다. 그 전에는 색이란 것을 한 번도 인식한 적이 없어서 머릿속에 아무 개념도 '의미'도 없으니까요. 하지만 교수님의 시각 세계에 '깊이'나 '공간'이 더해진 것은 (거의) 전적으로 긍정적인 경험인 것이 분명해 보이네요.

    질문이 정말 많군요! 기왕 교수님께서 이야기를 들려주고 제 의견을 물으셨으니, (편지로 더 이야기하는 것보다) 직접 찾아뵈면 어떨까 합니다. 제 오랜 친구이자 동료인 밥, 랠프와 함께 간다면 저 혼자서는 불가능한 교수님의 시지각 검진도 할 수 있을 겁니다. (우리 셋은 한 '팀'을 이루어, 거의 맹인으로 태어났다가 나중에 시력을 얻은 중년 남성 '버질'과 색맹 화가를 만나러 갔었습니다. 이 두 일화는 제 책 《화성의 인류학자》에 실려 있습니다.)

    교수님은 그저 본인 이야기에 제 의견을 구했을 뿐인데 너무 긴 답장을 쓰고 말았네요! (버질의 '이야기'를 듣자마자 당장 애틀란타로 날아가서 그를 만나고 싶었던 것이 떠오릅니다…)

    그렇다면 저희가 직접 만나 뵙고 교수님의 시지각 상태를 다각도로 검진하면 어떨지 의견 주십시오…

    괜찮다면 구체적인 일정을 잡아 봅시다.

    교수님의 경험과 생각을 나눠 주고 새로운 영역의 문을 열어 주어서, 진심으로 다시 한번 감사드립니다.

    교수님과 댄의 평안을 기원하며.

    세상에나! 색스 박사가 나를 찾아오려고 하다니! 격려를 담은 친절한 메모 정도를 기대했는데, 본인이 편지에 쓴 것처럼 색스 박사의 답장은 정말이지 강렬했다. 그가 의문을 품는 것도 당연했다. 어쨌거나 중년에 입체시를 얻는 것은 불가능하다고 여겨졌으니까. 색스 박사는 각각 안과의와 시과학자인 친구들의 도움을 받아 내 사연을 확인할 필요가 있었다. 정말로 세상에 알려야 할 중요한 이야기인지, 아니면 내가 망상에 빠졌는지를. (그에게는 어느 쪽이든 다 흥미로웠을지 모른다.) 나는 즉시 답장을 썼다.

사우스해들리, 메사추세츠 01075
2005년 1월 8일

올리버 색스 박사
2 허레이쇼 스트리트, #3G
뉴욕시 뉴욕주 10014

색스 박사님께,

이렇게 빨리 답장 주셔서 감사드립니다. 박사님과 동료들의 방문을 진심으로 환영합니다. 저 또한 박사님이 편지에 언급하신 여러 이유로 제 이야기가 세상에 알려지기를 바랍니다. 사람들이 더 나은 양안시를 얻어 완전히 새로운 세상을 보는 데 일조할 수 있다면 무척 기쁠 것입니다. 저는 제 경험을 통해 성인의 뇌가 지금껏 알려진 것보다 더 가소성이 좋다고 믿게 되었습니다.

그리고 내가 어떻게 바늘에 실을 꿰는지 설명했다. 나는 먼저 왼눈을 감고 오른눈만 떴다. 그런 다음 바늘귀가 최대한 크게 보이도록 얼굴 정면에 놓고 실을 바늘귀 한가운데로 통과시켰다.

하지만 저는 바늘에 실을 꿸 일이 좀처럼 없는데요. 바느질을 정말 싫어해서 웬만하면 하지 않으려 하기 때문입니다. 우리 세대 여자아이들은 중학교 2학년 때 학교에서 바느질 수업을 들어야 했습니다. 손바느질은 쉽지 않았어요. 제 바늘땀은 너무 컸고, 눈이 급속도로 피곤해졌습니다. 전기 재봉틀도 좀처럼 손에 익지 않았고요. 어떻게 해도 솔기를 곧게 꿰맬 수 없었죠. 수업을 마치려면 바느질로 단순한 드레스 한 벌을 완성해야 했기에 걱정이 컸습니다. 설상가상으로 수업 마지막 날 모의 패션쇼에서 그 드레스를 입고 다른 학생들 앞에 서야 했어요.

우리 남매에게 무엇이 필요한지 늘 섬세하게 관찰했던 부모님이 제 스트레스를 알아차리고는 전기 재봉틀을 한 대 사 오셨습니다. 어머니는 재봉틀을 사용할 줄 몰랐고,

외할머니는 페달이 달린 수동 재봉틀만 사용하셨습니다. 저에게 새 재봉틀 사용법을 알려 주는 임무는 아버지에게 넘어갔죠. 아버지도 재봉틀을 사용할 줄 몰랐지만 예술가여서 손재주가 아주 좋습니다. 정말 다행스럽게도 아버지는 순식간에 재봉틀 사용법을 마스터하고 사실상 제 드레스를 대신 완성해 주었습니다. 저는 무사히 수업을 마치고 그 뒤로는 재봉틀을 거들떠도 보지 않았지만, 아버지는 그 경험을 무척 즐거워하셨습니다! 그래서 드레스 패턴을 또 하나 사서 어머니의 드레스를 지으셨지요. 그 후로 15년간 아버지는 수영복에서 겨울 코트에 이르기까지 어머니의 옷을 거의 다 직접 만드셨답니다. 심지어 제 웨딩드레스도 아버지의 작품이었어요. 그러니 제 미숙한 바느질 실력에도 나름의 장점이 있었던 셈입니다!

나는 색스 박사의 몇 가지 전문적 질문에 답한 뒤, 루지에로 박사가 기꺼이 직접 만나서 대화를 나누고 내 시력 변화 이전과 이후에 실시한 검사 기록을 보여 줄 것이라고 덧붙였다. 그리고 마지막에는 이렇게 썼다. "제 이야기를 경청해 주셔서 감사합니다."

편지를 부치고 얼마 지나지 않아 우리는 전화 통화를 했고, 색스 박사가 2005년 2월 9일에 뉴욕에서부터 차를 타고 우리 집이 있는 매사추세츠까지 오기로 했다. 나는 곧 있을 색스 박사의 방문을 중요한 프로젝트로 간주하고 그의 저서를 전부 다시 읽었으며, 점심 식사로 무엇을 내놓을지도 조사했다. 메뉴 결정은 의외로 쉬웠다. 색스 박사가 책에 바나나와 훈제 연어를 가장 좋아한다고 썼으므로 나는 이 두 음식과 함께 직접 만든 미네스트로네 수프와 햄, 과일 샐러드, 차, 쿠키를 준비했다. 그가 "갈색의 거의 흐물흐물한" 바나나를 좋아한다고 해서 바나나는 며칠 전에 미리 사 두었다. 그리고 눈보라 때문에 약속이 취소되지는 않을까 걱정하며 계속해서 일기예보를 확인했다. 나는 모든 음식을 사전에 준비하고 전날 밤에 미리 식탁을 차렸다.

올리버 색스는 약속일 오전 11시 30분에 도착했다. 내 시력을 평가해 줄 두 친구, 밥 와서먼과 랠프 시걸도 함께였다. 한편 나는 우리 집 개 윈디와 둘뿐이었다. 고등학생인 아들 앤디는 학교에 가 있었고 딸 제니는 타 지역에서 대학에 다녔으며, 댄은 텍사스 휴스턴에 있는 존슨우주센터에서 훈련 중이었다. 색스 박사가 긴 운전으로 시장해하는 것 같아서 세 사람을 식탁으로 안내했다. 점심을 먹으며 대화를 나누는 동안 존경받는 색스 박사를 직접 만난다는 근심 걱정이 눈 녹듯 사라졌다.

    나는 평소 책을 읽을 때, 손에 연필을 쥐고 여백에 메모나 느낌표 같은 표시를 남기는 식으로 저자와 끊임없이 대화를 나눈다. 나는 색스의 책들이 마음에 꼭 들었고, 시력이 변하기 시작한 이후로 머릿속에서 줄기차게 그와 대화를 했다. 그러다 보니 살아 있는 올리버 색스와 나누는 대화가 종이 위에서 나누던 대화와 사뭇 다를까 걱정스러웠다. 알고 보니 거만하고 우쭐대는 사람이면 어떡하지? 그러나 걱정할 필요가 없었다. 색스 박사는 수줍어하며 쭈뼛댔고 호기심이 많았다. 중간에 식탁 밑에서 음식을 노리던 우리 집 작은 슈나우저를 쓰다듬고 싶어서 머뭇머뭇 손을 뻗는 모습이 보였다. 올리버(이때부터 나는 그를 올리버라고 부르기 시작했다)는 끊임없이 자기 흑역사를 이야기했다. 나를 도와 그릇을 치우다가 자기가 내 접시에 남은 블루베리를 먹었다고 고백하기도 했다. (나는 너무 긴장해서 스푼이나 포크로 블루베리를 집어 들 엄두조차 내지 못했다.)

그릇을 다 치운 뒤 검진이 시작되었다. 올리버와 밥, 랠프가 준비해 온 시력 검사 도구를 식탁 위에 펼쳤고, 길고 긴 시력 평가가 이어졌다. 나는 몇 가지 도구를 보고 깜짝 놀랐다. 임상 검사 키트도 있었고, 단순한 장난감도 있었다. 중간에 세 사람은 내게 판스워스Farnsworth D-15 색맹 검사를 시켰고 나는 그 검사를 완벽하게 끝냈다. 우리는 잠시 멈추고 숨을 돌렸다. 분명 그때 올리버는 몇 년 전 책에서 소개한 아이작슨 씨(미스터 I)를 떠올리고 있었을 것이다. 아이작슨 씨는 예순다섯 살에 색각을 완전히 잃은 화가였다.˙ 색맹인 그와 나는 완전 정반대였다. 아이작슨 씨는 깊이 지각이 탁월했고, 색각을 잃은 뒤 그 능력이 더 좋아졌을지도 몰랐다. 반면에 나는 색각은 탁월했지만 깊이 지각은 표준 이하였다.

세 손님은 내게 주로 3차원 이미지를 하나씩 보여 주며 무엇이 보이느냐고 물었다. 적녹 안경을 쓰고 보는 적녹 입체사진 anaglyph이었다. 사진마다 각각 적색과 녹색으로 인쇄된 이미지 두 개가 겹쳐져 있었는데, 똑같은 사물이나 풍경을 두 눈의 시점과 마찬가지로 살짝 다른 각도에서 찍은 것이었다. 한쪽은 적색 렌즈 뒤에, 다른 한쪽은 녹색 렌즈 뒤에 위치한 두 눈은 서로 다른 이미지를 받아들였고, 두 이미지가 뇌 속에서 합쳐져 하나의 3차원 이미지를 형성했다. 나는 이미지가 튀어나오는 것을 보며 재미있어했다.

우리는 안과에서 입체시 검사에 종종 사용하는 입체 이미지의 고전인 입체 파리 그림도 함께 보았다. 안경을 쓰고 이 그림을 보면 파리의 날개가 튀어나오는데, 각자 파리 날개가 위로 얼마나 많이 튀어나와 보이는지를 쟀다. 가장 적게 튀어나온 사람은 나였고, 가장 많이 튀어나온 사람은 올리버였다.

그다음 랠프가 내게 무작위 점 입체화를 보여 주었다. 무작위 점 입체화는 마치 점을 아무렇게나 찍어 놓은 한 쌍의 그림처럼

- 올리버는 1995년 저서 《화성의 인류학자》에 아이작슨 씨의 사례를 실었다.

보이지만, 두 그림을 합치면 깊이감이 생기며 하나의 이미지가 떠오른다. 이 그림에는 한쪽 눈으로는 깊이를 알 수 있는 단서가 전혀 없기 때문에, 이미지가 떠오른다는 것은 입체시가 있다는 확실한 증거다. 나는 이 입체화를 '알아보지' 못했다. 그러나 그때 올리버가 내게 다른 입체경을 하나 건넸고, 그 안을 들여다보자 단어들이 나타났다. 이 입체경 역시 한쪽 눈으로는 단어들의 3차원 배열을 파악할 수 있는 단서가 전혀 없었지만, 주의 깊게 들여다본 끝에 단어들을 거리 순서대로 정확히 보고 말할 수 있었다.

더 많은 검사가 이어졌다. 중간에 한 번은 잘 안 보이는 입체 그림을 들여다보고 있는데, 올리버가 내 눈 앞에 3차원 안경과 물고기 그림을 갖다 댔다. "우와." 나는 의자에 앉아 있다가 말 그대로 펄쩍 뛰어오르며 말했다. "저 물고기 좀 봐요! 저 입 좀 보라고요! 내 쪽으로 툭 튀어나왔어요!" 그러다 멋쩍어서 입을 다물었다. 자존심 있는 51세 여성은 3차원 물고기 그림에 이렇게 흥분하지 않는다. 무안해하며 올리버를 쳐다보자, 그는 만면에 미소를 띠며 나를 바라보고 있었다. 그리고 작은 목소리로 이렇게 말했다. "저도 이 그림이 마음에 들어요."

그 순간 모든 것이 분명해졌다. 올리버의 책을 읽고 또 이렇게 직접 만나 보니, 그가 나를 두 눈과 뇌가 달린 흥미로운 사례로 취급하는 차가운 연구자가 아님을 알 수 있었다. 올리버는 새로 얻은 시력이 내게 얼마나 큰 의미인지 잘 알았다. 우리 둘 다 이러한 감각에서 남다른 기쁨을 느꼈고, 덕분에 나는 이 똑똑하고 점잖은 남자와 깊은 유대감을 쌓을 수 있었다.

아마 나는 입체시가 생기기 전에도 내가 3차원으로 세상을 본다고 말했을 것이다. 그건 자명한 사실이었다. 나는 3차원 세상에서 움직였고 원근과 음영, 그림자, 사물의 중첩(뒤에 있는 사물이 앞에 있는 사물에 가려 보이지 않는 것)처럼 한쪽 눈으로도 깊이를 지각할 수 있는 단서들을 통해 거리를 파악했다. 그러나 입체시가 생기자 나의 공간감은 질적으로 달라졌다.

이제 거울을 들여다보면 거울 속의 반사된 공간에 있는 내 모습이 보인다. 그러나 입체맹이었을 때는 내 모습이 거울 표면 위에 있었다. 반사된 내 모습과 거울 표면 사이의 빈 공간을 인식하지 못했기에, 거울 유리에 묻은 얼룩은 마치 내 몸 위에 있는 것처럼 보였고, 나는 옷에서 그 얼룩을 닦아 내려 했다. 요즘은 거울을 보다가 잠시 한쪽 눈을 감아도 거울 속의 반사된 공간에 있는 내가 보인다. 입체시가 생기자 한쪽 눈으로 보는 방식까지 달라진 것이다. 그러니 평소에 늘 입체시가 있던 사람이 한쪽 눈을 감는다고 해서 늘 입체맹이었던 사람처럼 세상이 납작해 보이는 건 아닐지도 모른다. 그들은 평생 쌓아 온 입체시의 경험으로 입체 정보가 사라진 빈 공간을 채운다.

입체시로 세상을 보자 물체 사이의 공간이 손에 만져질 듯 뚜렷하게 느껴졌다. 나는 이 새로움이 무척이나 놀랍고 기뻤다. 그리고 이러한 변화를 많은 사람에게, 심지어 시과학자들에게조차 제대로 설명할 수 없어서 답답했다. 그러나 올리버는 처음부터 이 느낌을 이해했다.

점심 식사와 시력 검사를 마친 뒤 다 같이 올리버의 차를 타고 (앞좌석 뒷주머니에 주기율표 복사본이 삐죽 튀어나와 있었다) 검안사 테레사 루지에로 박사의 병원으로 향했다. 루지에로 박사는 만반의 준비를 마치고 우리의 방문을 기다리고 있었다. 그는 우리를 진료실로 안내하여 내 시력이 어떻게 변화했는지를 설명했다. 우리 넷은 내가 가까운 거리에서 올리버보다도 브록 스트링 훈련(구슬 훈련)을 더 잘한다는 사실을 알게 되었다! 내가 3차원으로 볼 수 있게 도와 준 시력 훈련 도구가 무엇인지 올리버가 어지간히 궁금해해서 루지에로 박사가 그를 시력 훈련실로 데려갔고, 그곳에서 올리버는 직접 편광 안경을 쓰고 편광 시표를 보았다. 편광 안경 때문에 시표에 있는 이미지 중 일부는 올리버 쪽으로 떠오르고 일부는 뒤로 물러나는 듯 보였다. 박사는 장난 삼아 올리버에게 안경을 뒤집어서 써 보라고 했다. 이제 앞쪽으로 떠올랐던 이미지가 뒤로 물러났고 뒤로 물러났던 이미지가 가까이 다가왔다.

남은 오후 시간 내내 올리버는 눈이 피곤해질 때까지 시력 훈련 도구를 하나씩 전부 사용해 보았다. 그러다 저녁 식사 시간이 되었고, 이탈리아 레스토랑에서 아들 앤디가 합류했다. 대화는 활발하게 이어졌다. 올리버가 여러 신경학 사례를 들려주었고, 앤디가 수학자이자 음악가인 톰 레러의 〈원소 주기율표 노래〉를 불러서 올리버를 기쁘게 했다. 앤디도 디저트에 들어 있던 블루베리를 먹지 않자, 올리버는 블루베리를 싫어하는 것이 가족력인 모양이라고 말했다. (본문 앞에 삽입된 부록의 사진 5번과 6번이 이날 찍은 사진이다.)

그러나 다음 날 아침이 되자 분위기가 달라졌다. 우리는 세 손님이 밤을 보낸 대학 내 숙소 앞에서 만났다. 세 사람은 무슨 갈등이 있었는지 기분이 언짢아 보였다. 올리버가 책에서 종종 수영에 대한 애정을 드러냈기에, 나는 셋을 마운트홀리요크칼리지의 회원 전용 수영장으로 데려가서 프런트 직원이 안 보는 사이 재빨리 안으로 들여보냈다. 올리버와 내가 열심히 수영하는 동안 밥과 랠프는 느긋하게 의자에 앉아 쉬었다. 수영을 마친 뒤 우리는 올리버의 자동차가 있는 숙소 앞 주차장으로 돌아왔다. 세 사람이 차에 올라타기 전에 나는 밥과 랠프와 포옹하며 작별 인사를 나누었고, 올리버는 살짝 떨어진 곳에 서서 우리를 바라보며 미소 지었다. 멀리서 보면 모두가 편안해 보였을지 모르지만 세 사람 사이에는 여전히 긴장감이 감돌았다. 멀어지는 차를 바라보며 나는 당혹감을 느꼈다.

집요하긴 하지만
특이한 건 아니야

올리버가 다녀간 뒤 나는 편지를 애타게 기다렸다. 올리버는 2월 15일에 편지를 썼다. 그의 편지는 저서와 글쓰기 스타일이 달랐다. 단어에 밑줄을 긋고 괄호를 자유롭게 사용했으며 여러 문단에 ―, ---, … 같은 줄표와 말줄임표가 수두룩했다(여기서는 전부 긴 줄표 하나로 대체했다). 이런 부호들을 뼈대 삼아 수많은 생각이 스타카토처럼 통통 쏟아져 나왔다. 올리버의 편지를 읽노라면, 이따금 내가 그의 곁에서 생각의 흐름을 고스란히 목격하고 있는 듯한 느낌이 들었다.

2005년 2월 15일

수에게

촉박하게 잡은 약속이었는데도 우리 셋('비주얼 팀')이 다같이 교수님 댁을 방문해 교수님, 루지에로 박사와 긴 시간 함께할 수 있어서 무척 기뻤습니다.

여기서 올리버는 여기저기 다니느라 편지가 늦어졌다고 사과한 뒤 곧장 본론으로 들어갔다.

교수님과 대화를 나눠 보니 교수님은 어렸을 때 (비록 가끔씩 짧게, 오로지 근거리에서였을지라도) 양안시를 경험했고 이 경험이 원기* 역할을 하여 이후에 장대한 발전을 이룰 수 있었던 것으로 보입니다. 그러나 프리즘 안경이 없었다면 이러한 발전은 없었을 것이고—똑같이 중요한 점인데—교수님이 성실하게 훈련을 지속하지 않았더라면 불가능했을 것입니다. 이건 분명 흔치 않은 성과이며—루지에로 박사는 "특이" 사례라고 생각했지요—교수님의 뜨거운 관심과 의욕이 없었더라면

- 원기anlage는 차후 발달의 기반이나 토대를 의미한다.

(원기가 있다고 해도) 결코 이룰 수 없었을 겁니다. 그러니 교수님의 사례를 통해 단안시를 치료할 수 있다거나 대다수 단안시인에게 희망을 줄 수 있다고 말하기는 어렵습니다.

특히 교수님이 입체 이미지를 보고 눈에 띄게 기뻐하는 모습이 인상 깊었습니다―아시겠지만 저도 입체 이미지를 보며 똑같은 기쁨을 느낍니다. 이러한 기쁨이 없었다면, 이러한 기쁨의 가치를 몰랐다면, 그렇게 부단히 훈련을 계속하시지 못했을 겁니다―교수님께 크나큰 '보상'이자 의미였던 것이 다른 사람에게는 별다른 관심이나 의욕을 불러일으키지 않을 수도 있겠지요. 뉴욕입체협회의 회원들은 하나같이 입체영상에 '흥분'합니다만, 대다수 사람은 그렇지 않을 수 있습니다. 아예 관심이 없거나, 당연하게 여길지도 모르지요. 교수님의 경험(또는 반대로 아이작슨의 경험)은 입체시(또는 색각)가 얼마나 큰 특권인지, 그리고 그러한 능력을 당연한 권리로 여기거나 대수롭지 않게 취급하는 것이 얼마나 큰 잘못인지 보여 줍니다.

제 생각엔 무작위 점 입체화를 무리해서 보려고 할 필요는 없을 것 같습니다―어쨌건 그 그림들은 실생활과 크게 관련이 없으니까요. 하지만 교수님이 지금처럼 꾸준히 훈련을 이어 간다면 깊이감과 입체시를 경험하는 능력이―더 미세한 시차에서도―점점 좋아질지 궁금합니다(이를테면 교수님의 '파리'•나 루지에로 박사의 '순록' 테스트에서요). 파리 날개가 얼마나 튀어나와 보이는지를 한 달에 한 번 정도로 측정하면 좋을 것 같습니다. 밥과 랠프를 다시 만나 대화를 나누면 의견과 제안이 또 달라지겠지만, 우선 지금은 제가 모두를 대신해 감사하다는 말을 전하고 싶습니다. 언젠가 또다시 만나 뵐 수 있기를 바랍니다.

    댄에게도 안부 전해 주세요―다음번에는 함께 만날 수 있기를.

oiuy

    마지막에 올리버와 밥, 랠프 사이에 감돌던 긴장감의 정체는 결국 알아내지 못했지만 이 편지에 단서가 있을지도 몰랐다. 내 사례의 해석 방향을 두고 언쟁을 벌였나? 올리버는 내 이야기를 일축하진 않았지만 신중하게 접근했다. 어쨌거나 나의 시각적 경험은 입체시 발달에 관한 기존 과학적 지식을 뒤집는 것이었으니까. 그러나 나는 올리버의 해석에 동의할 수 없었다. 내가 마흔여덟의 나이에 입체시를 얻은 것이 어린 시절에 몇 차례 입체시를 경험했고 그 경험이 차후 발달의 "원기" 역할을 했

• 입체 파리 그림.

기 때문이라고는 생각하지 않았다. 나는 오히려, 유아기부터 사시가 있긴 했지만 나의 시각 체계 역시 정상 시력을 가진 사람들처럼 양쪽 눈으로 보도록 조직되었다고 믿었다.

입체시는 양쪽 눈에서 얻은 이미지가 단일한 3차원 이미지로 융합된 결과다. 이러한 융합 과정은 아마도 양안 세포의 일부, 즉 양쪽 눈에서 흥분성 입력을 받아들이는 뇌 시각 부위의 뉴런을 통해 이루어진다. 우리는 인간 뇌에서 양안 세포가 언제 처음 발달하는지 모른다. 양안 세포는 태어날 때부터 존재할까, 아니면 유아기의 결정적 시기에 발달할까? 유아기 사시는 양안 세포의 발달을 막아 결국 입체시 형성을 방해하는 걸까, 아니면 단지 양안 세포의 사용 방식을 바꾸는 것뿐일까?

양안 체계가 양쪽 눈에서 얻은 이미지를 융합하려면 두 눈이 동시에 같은 곳을 바라볼 수 있어야 한다. 나는 사시여서 양쪽 눈이 서로 다른 곳을 바라봤다. 양 눈의 입력값을 동시에 처리하면 복시 증상이 나타났으므로, 어릴 때부터 한쪽 눈에 입력된 정보를 무시하는 법을 터득했다. 그 결과 나에게 있었을지 모를 양안 세포들은 한쪽 눈에서는 강한 입력값을, 다른 한쪽 눈에서는 매우 미약한 입력값을 얻었다. 그러나 시력 훈련에서 양안 통합 운동을 하면서 두 눈의 초점을 동시에 같은 곳에 맞추는 법을 배웠다. 이로써 양안 세포에 상호 연관된 입력값이 전달되었다. 이제 양안 뉴런은 양쪽 눈에서 얻은 정보를 융합할 수 있었고, 나는 세상을 3차원으로 보기 시작했다.

그랬기에 나는 색스 박사의 편지를 읽고 실망과 분노에 휩싸였고, 답장에 그 감정을 고스란히 드러냈다. 지금 돌아보면 내가 이렇게까지 직설적으로 썼다는 사실이 스스로도 놀라울 정도다.

2005년 2월 23일

올리버에게,

2월 15일 자 편지 잘 받았습니다. 박사님의 서부 매사추세츠 여행이 잘 끝났다니, 짧은 기간에 그렇게 다양한 활동을 소화할 수 있었다니 참 다행입니다. 일정에 사우스해들리 방문을 넣어 주셔서 더더욱 기쁩니다.

박사님 편지를 읽고 생각해 봤습니다. 양안시를 습득한 제 경험이 다른 단안시인에게 선례가 될지 아닐지는 저도 모르지만, 제가 보기에 이와 관련한 박사님의 주장은 여러 면에서 다소 설득력이 떨어집니다. 제가 유아기 때 양안시를 경험한 적이 있다 하더라도 어린 시절의 제 시각적 경험은 정상적인 양안시인보다는 사시인의 경험에 더 가까웠습니다. 그러니 제 시각피질에 양안 세포가 남아 있다면 다른 사시인들도 그럴 가능성이 높습니다. 안타깝게도 대다수의 안과의와 검안사는 사시인에게 입체시가 발달할 가능성이 없다고 생각합니다. 적어도 제가 여러 의사에게 받은 메시지는 그랬습니다.

얼마 전 68세에 한쪽 눈의 시력을 잃은 안과의의 사연을 읽었습니다(편지에 동봉했어요).• 이 의사는 사물을 제대로 인식하거나 장애물을 피하지 못했고 자기 손톱도 자르지 못했습니다! 실제로 자신이 불구가 되었다고 생각했고요. 이 의사가 자기 경험에서 도출한 가장 중대한 결론은 성인이 단안시를 선택해서는 안 된다는 것이었습니다. 즉 한쪽 눈은 먼 곳을 보고 다른 한쪽 눈은 가까운 곳을 보도록 안경을 맞춰서는 안 된다는 겁니다. 그러나 이 의사는 사시 환자가 양안시를 얻기 위해 노력해야 하는가는 아예 묻지 않았습니다. 아마 그건 불가능하다고 생각했겠죠.

박사님은 대다수 사람이 입체시의 가치를 모를 거라고 말씀하셨습니다. 정말 그럴지도 모르죠. 사람들은 앞에서 언급한 안과 의사처럼 비운의 사건으로 입체시를 잃은 후에야 그 중요성을 깨달을지도 모릅니다. 많은 사람은 그저 이 세상 자체가 3차원으로 이루어져 있기에 세상이 3차원으로 보이는 거라고 생각합니다(끈 이론을 논외로

• P. E. Romano, "A case of acute loss of binocular vision and stereoscopic depth perception (The misery of acute monovision, having been binocular for 68 years) [양안시 및 입체적 깊이 지각의 급성 상실 사례(68년간 양안시로 살다가 갑작스레 단안시가 된 고통)]," *Binocul Vis Strabismus Q* 18, no. 1 (2003): 51-55.

치자면요). 자신의 뇌가 2차원 망막에서 얻은 정보를 해석하고 처리해서 3차원 이미지를 구성한다는 사실은 알지 못합니다. 유클리드와 뉴턴, 다빈치 같은 초기 광학의 위대한 연구자들조차 입체시를 발견하거나 기술하지 않았죠.

    그렇다면 입체맹은 입체시에 어떻게 반응할까요. 정상적인 양안시인보다 입체시의 가치를 더 제대로 인식할까요? 저처럼 기뻐할까요? 저는 다른 사람들의 반응을 알지 못합니다. 제가 아는 입체맹 중 어느 정도 입체시를 획득한 사람은 저뿐이니까요. 대다수 입체맹은 양쪽 눈의 시력이 제대로 기능해도 자신이 입체시를 얻을 수 있을지 확인할 기회조차 얻지 못합니다.

    제가 루지에로 박사를 찾아간 것은 일상 시력을 개선하고 싶어서였습니다. 입체시를 얻을 수 있을 거라고는 생각하지 않았고 그러기를 바라지도 않았습니다. 몇몇 환자의 눈에 이제 세상이 돌출되어 보인다는 그의 말이 흥미롭긴 했지만요. 루지에로 박사를 만나기 약 10년 전에 홀리요크에 있는 한 안과의를 찾아가서 먼 곳이 어른어른하게 보인다고 호소한 적이 있습니다. 그 의사는 평상시와 똑같이, 즉 양쪽 눈의 시력을 따로따로 검진했습니다. 그러고는 양 눈의 시력을 표준으로 교정할 수 있다고, 그러니 제 걱정은 "전부 마음의 문제"라고 말했습니다. 저는 의사의 조언을 받아들였지만, 그로부터 몇 년 뒤에 한 사건을 겪으면서 제 시각적 탐구가 제 몸에서 3~6미터 거리 이내로 제한되고 있다는 사실을 깨달았습니다.

   그 당시 저는 눈 밝은 동료와 함께 학생 80명에게 생물학 개론을 가르치고 있었습니다. 그 동료가, 100석 규모 강의실 뒤쪽에 앉은 학생들의 질문은 왜 받아 주지 않느냐고 묻더군요. 저는 뒤에 앉은 학생들이 손 드는 것을 몰랐다고 말했습니다. 안경을 쓴 상태였는데도 말이죠. 그러자 그 동료는 직접 학생들 뒤에 가서 앉았습니다. 뒤에서 학생들이 손을 들 때마다 동료가 힘차게 팔을 흔들어서 제 시선을 끌었습니다. 그러고는 과장된 몸짓으로 손을 든 학생을 가리켰지요. 학생들은 이 황당한 광경을 전부 목격하면서도 예의 바르게 아무 말도 하지 않았습니다. 저는 웃기면서도 한편으로는 좌절했습니다.

   그래서 먼 곳을 더 수월하게 보고 시선을 더 안정적으로 고정하고 더 자신감 있게 운전해야겠다고 단단히 마음먹고 루지에로 박사를 찾아갔습니다. 그리고 프리즘 안경으로 시력이 개선되어 무척 들떴죠. 루지에로 박사는 제게 시력 훈련이 효과가 없을 수도 있다고, 훈련은 고되고 지루할 거라고 경고했습니다.

하지만 다행히도 루지에로 박사는 제게 선택권을 줬어요. 제가 다른 사람보다 시력 훈련에 더 열심히 임한 것은 사실일지도 모릅니다. 반복 훈련(예를 들면 수영장 뺑뺑이)을 좋아하거든요. 그러나 제 시력은 구슬 훈련을 시작하자마자 변하기 시작했습니다. 거의 즉시 긍정적인 결과를 얻었고 그 덕분에 훈련을 계속 이어 갈 수 있었습니다. 게다가 제 시력은 깊이 지각 외에 전반적인 선명도 측면에서도 개선되었습니다. 경계가 더 명확해졌고, 모든 것이 더 또렷하게 보였습니다.

자기 환자들은 시력 훈련에 기꺼이 임하지 않을 거라고, 또는 입체맹은 시야가 더 선명해지고 입체시가 생겨도 그리 좋아하지 않을 거라고 추측하는 의사는 환자에게 절대 치료 기회나 선택권을 주지 않을 겁니다. 하지만 선택권은 의사가 아닌 환자에게 있어야 합니다. 우리는 악순환에 빠져 있어요. 시력 훈련이 사시인에게 별 도움이 안 될 거라고 추측하고 처방하지 않기 때문에 실제 결과도 알 수 없게 되어 버리는 것이죠. 즉, 시도조차 안 되는 겁니다.

답답한 마음을 쏟아 낸 김에 입체 이미지를 향한 제 남다른 애정도 고백할게요. 박사님이 주신 해양 생물 입체 책이 어찌나 재미있는지요. 거의 매일 밤 들여다보는데, 가파른 암초나 해파리의 촉수에 진짜로 빨려 들어가는 것만 같아요. 비록 무작위 점 입체화에서 이미지를 알아보는 데는 실패했지만, 세 분과 함께하는 매 순간이 즐거웠고, 밥과 랠프를 무척 좋아하게 되었어요. 박사님과 두 분 모두 언제든 저희 집에 놀러 오세요. 댄과 제가 대도시 여행을 즐기러 뉴욕에 갈 수도 있겠지요.

그럼 안녕히 계세요.

Sue

처음 만난 날 올리버가 내게 했던 질문—"양쪽 눈으로 바라보는 세상이 어떤 모습일지 상상할 수 있나요?"—에 마음이 끌렸듯이, 이제 나는 올리버가 2월 15일 편지에서 한 질문에 집요하게 매달리고 있었다. 내가 입체시를 얻은 것은 특이한 사례일까? 다른 입체맹인도 나처럼 입체시에 놀라고 가슴 벅차지 않을까? 첫 번째 편지에서 나 이외에 성인이 된 후 입체시를 습득한 사람을 본 적이 없다고 말하긴 했지만, 나는 특이하다는 말이 듣기 싫었다.

어렸을 때 사시가 심했던 나는 내가 이상한 사람이라고 생각했다. 눈을 똑바르게 수술한 뒤에도 읽기와 자전거 타기, 바느질을 배우는 게 너무 힘들어서 내가 어딘가 이상하다는 것을 알았다. 어쩌면 다른 사시인들도 적절한 훈련만 받으면 입체시를 얻을 수 있을지 모른다. 나 같은 사람들을 반드시 찾아야 했다. 그래서 인터넷을 뒤졌고, 얼마 지나지 않아 나와 비슷한 사람들을 찾아냈다. 색스 박사에게 분노의 편지를 보내고 보름이 지났을 무렵, 나는 다시 편지를 써서 성인이 된 후에 입체시를 습득한 것은 물론 세상을 보는 이 새로운 방식에 나처럼 환호한 사람들의 이야기를 전했다.

2005년 3월 8일

올리버에게

...

아래는 약시에 단안시였다가 33세에 입체시를 얻은 레이철 쿠퍼의 글입니다. 시력 변화가 어찌나 강렬했는지, 다른 사람들도 시각 치료사를 찾을 수 있도록 검안사 네트워크라는 이름의 조직과 웹사이트까지 만들었더군요. 이 여성은 자신의 변화를 다음과 같이 설명합니다.
...
"세상이 처음 3차원으로 눈앞에 튀어나왔을 때, 마치 전신 마비 환자가 휠체어에서 벌떡 일어나 춤을 추는 듯한 느낌이었어요. 꼭 기적 같았죠.

세상이 3차원으로 튀어나오는 광경을 처음 본 이후로, 저는 정상적인 깊이 지각과 입체시가 얼마나 기적 같은 일인지를 사람들에게 알리고 싶었습니다. 다들 '보세요'.

장애를 극복하면 힘들게 얻은 것을 당연하게 여기지 않게 된답니다. 다른 사람들은 평범하다고 말하는 것이 여러분에게는 언제까지나 특별하게 느껴질 거예요!

 추신. 입체시를 얻은 뒤로 입체시가 없을 때 세상이 어떻게 보였느냐는 질문을 많이 받았습니다. 짧게 대답할게요. <u>세상은 납작해 보였습니다. 저는 여기에 있고 제가 보는 것은 전부 저기에 있는 것 같았어요. 나와 사물 사이의 공간을 눈으로 인식하거나 가늠하지 못했죠. 입체시가 생긴 지금은 제가 세상 속에 있는 느낌입니다.</u> 빈 공간이 보이고, 손에 만져질 듯 뚜렷하게—한층 생생하게 느껴져요!

 여러분, 그러면 저는 이만 물러나겠습니다. 기억하세요. 삶은 입체시로 볼 때 훨씬 낫다는 것을요.

레이철의 글이 내 주장을 훌륭하게 뒷받침했기에 나는 계속해서 이렇게 썼다.

제가 밑줄을 친 것은 그 문장들이 제 경험을 정확히 반영하고 있기 때문입니다. 레이철 쿠퍼의 추신과 제 첫 번째 편지 말미의 눈 내리는 풍경을 감상한 이야기를 비교해서 보면, 입체시를 얻기 전과 후의 공간 지각 경험을 정확하게 똑같이 설명한다는 사실을 알 수 있습니다.

레이철 쿠퍼는 입체맹인 사람이 정상적인 양안시인처럼 입체시를 대수롭지 않게 여기지는 않을 거라고 말합니다. 저도 동의하는 바입니다. 입체시를 습득하는 것은, 이를테면 근시 때문에 안경을 새로 맞추는 것과는 다릅니다. 안경을 새로 맞추면 하루이틀은 시야가 더 선명해졌다고 느낄지 모릅니다. 그러나 이내 그 선명함이 당연해지면서 더 이상 신경 쓰지 않게 되지요. 안경을 새로 맞추는 것은 인생을 바꾸는 사건이 아닙니다.

반면에 입체시를 얻는 것은, 저처럼 약한 정도라고 해도, 이야기가 완전히 다릅니다. 생물학 교수로서 오래전부터 수많은 학생에게 입체시의 역학을 가르쳐 왔습니다. 이론적으로는 입체시가 어떤 것인지 잘 알지요. 그러나 경험해 본 적은 없었습니다. 저는 제가 입체시를 상상할 수 있다고 생각했는데, 아니었습니다. 지난번에 언급했던, 식물들을 가까이서 더 깊이감 있게 관찰할 수 있었던 순간들은 찰나이기도 하고 드물기도 해서 제대로 이해할 수 없었어요. 입체시로 보는 세상이 어떤 모습인지는, 직접 경험해 보지 않으면 쉽게 상상할 수 없습니다. 그러니 입체시를 얻는 것은 뜻밖의 거대한 선물입니다. 사물 사이의 공간을 인식하는 것은 전에 없이 새로운 경험이지요. 지난 3년간 새로운 시각적 경험을 수없이 많이 했지만 요즘도 매일매일 제 시력에 깜짝 놀랍니다. 입체시 습득은 <u>그야말로</u> 인생을 바꾸는 사건입니다.

나는 성인이 되어 입체시를 얻은 두 사람의 글을 추가로 덧붙인 뒤, 다음과 같이 편지를 마무리했다.

저처럼 시력 변화를 경험한 사람들을 발견하니 무척이나 가슴이 떨립니다. 그러나 저는 인터넷에서 본 내용을 언제나 조금은 의심하는 편입니다. 레이철 쿠퍼가 만든 검안사 네트워크에 편지를 보내 두었고, 웹사이트에서 시력 훈련을 소개한 몇몇 검안사에게도 이메일을 보냈습니다. 입체시를 얻은 기쁨을 공유할 수 있는 사람들을 찾아 연락을 주고받을 수 있기를 기대하고 있습니다. 결과가 좋다면 박사님께도 알려 드릴게요.
   댄과 앤디, 저는 붙임성 좋은 댄의 세 누이와 함께 일주일간 열대지방으로 여행을 떠납니다. (제니는 딱하게도 학교에 붙들려 있습니다.) 저희가 돌아왔을 때는 봄이 찾아와 있겠네요.
   밥과 랠프에게 안부를 전해 주세요.
   입체감을 담아,

Sue

며칠 뒤, 예일뉴헤이븐병원의 어느 유능한 직원이 1956년과 1957년, 1961년에 내가 받았던 세 번의 수술 기록을 병원 보관실에서 발굴해 내게 보내 주었다. 나는 그 기록도 올리버에게 전했다.

3월 11일, 올리버는 조심스럽지만 내게 힘을 실어 주는 내용의 답장을 보내며 자신이 내게 "특이"하다는 표현을 쓴 것은 내가 첫 번째 편지에서 스스로를 그렇게 묘사했기 때문이라고 지적했다! 그리고 나의 끝인사("입체감을 담아")에 나름의 인사로 응수했다.

OLIVER SACKS, M.D.

2 HORATIO ST. #3G • NEW YORK, NY • 10014
TEL: 212.633.8373 • FAX: 212.633.8928
MAIL@OLIVERSACKS.COM

March 11, 05

Dear Sue,

I have just got back from (a week in) London, rather jet-lagged, and with a huge mass of mail whi ch has accumulated — but I am happy to find in it your letter of March 8, and the old records which were exhumed (and of which I have sent a copy to Bob).

It is going to take me — perhaps all of us — a certain time (and exploring) to gain perspective here. I really have no idea how common, or otherwise, the achievement of stereoscopy (in adult life) is — nor the pre-requisites for this (in terms of physiological potential, and in terms of the techniques and work needed to realize the potential). If I used the words ' rare ' or ' unique ' it is because you, in your original letter, said that you knew of no comparable accounts, and because you r optometrist too indicated that, in her experience at least, such achievements of stereoscopy were not common.

It is intriguing, therefore, that you have been able to 'google ' some accounts seemingly similar to your own experience — and I understand how exciting this must be for you ; though I also think you are right to feel a certain reserve or caution regarding them. I think that all such testimonies have to be subjected to careful empirical investigation. The ' Achromatopsia ' Network — which I mention at the end of ' The Island of th e Color Blind ' — is a great comfort (and resource) to people with (retinal) achromatopsia — and it may be that there is a comparable 'Stereopsia ' network — so I will be very interested in whatever contacts you are able to make. Meanwhile I shall forward your letter to Bob and Ralph — as well as the fascinating account of the man who lost stereopsis.

PS When I was in England I spoke of you to Professor Richard Gregory, who is the world's greatest expert on visual perception in general and stereopsis in particular. Would that you could go to his Lab in Bristol

2005년 3월 11일

수에게,

저는 런던에서 (일주일을 보내고) 막 돌아왔습니다. 시차 때문에 몹시 피곤하고 이메일도 산처럼 쌓여 있네요. 그래도 교수님의 3월 8일 자 편지와 병원에서 발굴된 옛 기록을 보고 기뻤습니다(밥에게 한 부 복사해 보냈습니다).
  제가―아마도 우리 모두가―이 사안을 제대로 파악하고 이해하는 데는 어느 정도 시간이 (그리고 분석이) 필요할 겁니다. 저는 (성인기에) 입체시를 습득하는 것이 흔한 일인지 아닌지, 그러기 위해서 어떤 조건이 필요한지 (생리적 잠재력의 측면에서, 또 그 잠재력을 실현하는 데 필요한 기술과 노력의 측면에서) 전혀 모릅니다. 제가 '드물다'나 '특이하다'라는 표현을 사용했다면 그건 교수님이 처음 보낸 편지에서 비교 가능한 사례를 알지 못한다고 직접 말했고, 교수님의 검안사 역시 적어도 자기가 경험한 바로는 입체시를 습득한 사례가 흔치 않다고 말했기 때문입니다.
  그래서 교수님이 인터넷에서 자신과 유사해 보이는 사례를 발견한 것이 매우 흥미롭고, 얼마나 신이 나실지도 짐작이 갑니다. 교수님이 어느 정도 신중하고 조심스러운 태도를 보이는 것도 당연하다고 생각하고요. 그런 증언들은 모두 주의 깊게 실증적으로 조사해야 한다고 봅니다. '완전 색맹' 네트워크—《색맹의 섬》끝부분에서 언급했지요—는 (망막) 색맹인들의 크나큰 위안(이자 중요한 자산)입니다. 어쩌면 이와 비슷한 '입체(맹)' 네트워크가 있을지도 모르겠군요. 교수님이 만날 사람들의 이야기가 저도 빠짐없이 궁금합니다. 우선은 교수님의 이 편지를—그리고 입체시를 잃은 남자의 흥미로운 사례도—밥과 랠프에게 전달하겠습니다.

  추신. 잉글랜드에 있을 때 리처드 그레고리 교수에게 교수님 이야기를 전했습니다. 시지각 일반, 그중에서도 특히 입체시 분야의 세계 최고 전문가이지요. 브리스톨에 있는 리처드의 연구소에 가 보실 수 있을까요?

  3D 안부를 전하며.

나는 올리버의 편지에 자극받아 3주간 강도 높은 조사에 착수했다. 몇 시간씩 과학 논문을 읽고 입체시를 얻은 사람들과 그들을 도운 검안사에게 편지를 보냈다. 내가 특이 사례가 아니라는 사실을 그에게 입증하겠다고 굳게 마음먹고 온종일 이 작업에 몰두했다. 내게 올리버는 의심을 품는 세상 모든 사람(주로 과학계와 의학계의 기득권층)을 상징했지만, 한편으로 그는 생각이 깊고 이해심이 많고 마음이 열린 사람이기도 했다. 4월 중

순이 되자 충분한 사례가 모였다. 나는 올리버에게 편지라기보다 선전포고에 가까운 길고 긴 서한을 보냈다.

2005년 4월 12일

올리버에게,

잘 지내고 계시죠? 앞좌석 뒷주머니에 코팅한 주기율표가 삐죽 튀어나와 있던, 박사님이 글에서 즐겨 언급하는 멋진 하이브리드 자동차를 즐겁게 몰고 다니고 계시길 바랍니다.
    저는 3주 전 휴가에서 돌아와, 성인이 된 후 입체시가 발달한 사람들을 찾기 시작했습니다.

올리버가 지난 편지에서 넌지시 조언했듯이 나와 비슷한 사람들을 찾아야 했다. 그 결과물로 행간 여백 없이 빽빽한 10페이지 분량의 편지가 나왔다(그리고 열한 번째 페이지에 내가 참조한 논문 목록을 넣었다). 이 편지에 성인이 된 뒤 입체시를 습득한 네 환자의 경험을 자세히 설명했고, 행동 검안사(발달 검안사라고도 한다) 다섯 명과 나눈 대화도 담았다. 하버드 소속 시과학자 마거릿 리빙스턴Margaret Livingstone과 주고받은 이메일도 인용했는데, 리빙스턴은 내게 줄곧 양안 세포가 있었으나 내가 이

제서야 그 세포의 사용법을 배웠을지도 모른다고 말했다. 나는 과학 문헌을 샅샅이 뒤져서 생애 초기에 인위적으로 사시가 된 실험 동물들에게 양안시 기능이 남아 있었다는 증거를 제시하는 논문 내용을 요약했다. 그리고 올리버도 "특이하다"는 말을 듣기 싫어했었다는 사실을 짚어 주었다.

> 저의 시력 이야기는 《나는 침대에서 내 다리를 주웠다》에 나온 박사님의 경험과 어느 정도 유사합니다. 박사님은 수술 뒤에도 다친 다리에 고유감각* 입력이 전혀 없고, 다리를 인식할 수도, 스스로 움직일 수도 없는데, 이처럼 문제가 있다는 사실을 의사가 인정하지 않았다고 쓰셨죠. (의료진에게 다리 상태가 평소와 다르다고 말했을 때 "특이하다"는 소리가 돌아오자 박사님 또한 마음이 상했다는 부분이 재미있었습니다.) 수술로 해부학적 문제가 해결되었으니 의사는 수술이 성공적이라고 판단했지만, 실제로 박사님의 다리는 제대로 기능하지 않았죠. 마찬가지로 제 눈은 매우 유능한 안과의에게 수술받고 겉보기에 똑발라졌지만, 양안시는 거의 또는 아예 기능하지 않았습니다. 우리 둘 다 훈련을 통해 걷거나

- 우리 신체가 움직임을 스스로 감지하는 능력, 눈으로 직접 보지 않고도 사지의 위치를 인식하는 능력을 뜻한다. 예를 들어 우리는 이 감각 덕분에 눈을 감고도 코에 손가락을 갖다 댈 수 있다.

보는 법을 재학습해야 했어요.

나는 올리버가 루지에로 박사의 병원에서 본 브록 스트링 같은 시력 훈련 기법을 통해 내가 어렵지 않게 점진적으로 두 눈을 정렬하는 법을 익혔다는 점을 지적했다. 이 과정은 합리적이고 간단했으며, 절대 미신이나 터무니없는 망상에서 나온 것이 아니었다.

두 눈의 초점을 동시에 같은 곳에 고정하는 법을 익히자마자, 세상이 입체로 보이기 시작했습니다. 두 눈의 초점을 더 먼 곳에도 고정할 수 있게 되자, 더 먼 곳에 있는 사물들이 튀어나와 보이기 시작했고요.
　지금 돌아보면 전 과정이 깜짝 놀랄 만큼 단순합니다. 사시와 약시˙˙처럼 양안시에 영향을 주는 증상을 가진 환자 모두가 이런 합리적인 재활 기법을 접할 수 없다는 사실에 마음이 무겁습니다.

그러고 나서 나는 미묘한 문제, 즉 수술로 사시를 치료하는 안과의들과 시력 훈련으로 사시를 치료하는 발달/행동 검

˙˙　안구 질환이 없는데도 한쪽이나 양쪽 눈에 렌즈로 교정할 수 없는 시력 저하가 나타나는 증상이다. 흔히 "게으른 눈lazy eye"이라고 불린다.

안사들 사이의 뿌리 깊은 갈등을 언급했다. 이 두 부류의 의사들은 협업하는 일이 좀처럼 없어서, 환자들은 도움이 될지도 모를 종합적 치료를 받지 못한다.

> 안과 의사는 사시인의 눈을 똑발라 보이게 교정할 수 있지만, 수술이 늘 시력 변화로 이어지는 것은 아닙니다. 환자에게 두 눈으로 <u>보는 법</u>, 입체시를 얻는 법을 가르치는 사람은 바로 시각 치료사들입니다.

올리버가 관심을 보이며 내 경험을 인정해 주자 내 이야기를 세상에 알리고 싶은 마음이 그 어느 때보다 더 강해졌다. 그래서 편지를 마무리하며 이렇게 썼다.

> 양안시 기능이 떨어지거나 입체맹인 것이 대단한 비극은 아닙니다. 앞이 안 보이거나, 소리가 들리지 않거나, 중증 신경 질환에 시달리는 것만큼 몸과 마음을 갉아먹지는 않죠. 하지만 독서나 운전 같은 기초 능력을 숙달하기가 훨씬 힘들기 때문에 일상생활이 어려워지는 것은 사실입니다. 게다가 세상을 입체로 보지 못하면 시각 세계의 풍성한 아름다움을 상당 부분 빼앗기게 됩니다. 입체맹인은 입체시가 주는 공간감을 느끼지 못해서 늘 세상을 건너다볼 뿐, 자신이 3차원 환경의 일부라는

느낌은 받지 못합니다. 입체맹인은 세상이 확장되고 사물이 튀어나오는 것을 보기 시작하면 자신이 크나큰 선물을 받았음을 실감합니다. 이러한 선물, 양안시와 입체시의 능력이 수많은 사시인과 약시인의 뇌 회로에 잠들어 있을지도 모릅니다. 적절한 치료를 받으면 잠재된 양안 체계가 되살아나고 재조직되어 세상을 더 상세하고 선명하고 깊이 있게 보는 법을 익힐 수 있을지도 모릅니다.

편지 내용이 무겁고 긴 데다 논문 열두 편의 목록까지 덧붙였으니, 끝인사로나마 분위기를 가볍게 띄워야 했다.

    다차원의 마음을 담아,

    Sue

올리버는 내가 편지로 집중포화를 퍼붓는다고 느꼈을지도 모르지만 절대 내색하지는 않았다.* 그리고 여행을 마치자마자 나의 4월 12일 자 편지에 답장했다. 올리버의 편지에는 몇 가지 흥미로운 정보가 담겨 있었다.

- 얼마 전 로런스 웨슐러의 책 《그리고 잘 지내시나요, 올리버 색스 박사님?》을 읽다가 올리버가 구소련의 저명한 심리학자 A. R. 루리야Luria에게 88쪽 분량의 편지를 보낸 적이 있다는 사실을 알게 되었다. 그에 비하면 내 편지는 간결한 편이었다.

OLIVER SACKS, M.D.
2 HORATIO ST. #3G · NEW YORK, NY · 10014
TEL: 212.633.8373 · FAX: 212.633.8928
MAIL@OLIVERSACKS.COM

April 16, 05

Dear Sue,

Thank you for your most remarkable letter of the 12th which I have just read with great attention and fascination (but it will require several re-readings, I suspect). You have done a huge amount of research, both in the literature, and in contacting other individuals, since your last letter - and a huge amount of thinking : indeed your experience (and that of others), as the French say, " gives one furiously to think ".

I am not sure (I have been away a lot) whether I acknowledged your previous letter, your relaying the early information about surgery etc, and the fascinating case-history of the doctor rendered monoular .. but if I did not, let me thank you , belatedly, now.   I will, of course, send a copy of your new (April 12) letter to Bob Wasserman and to Ralph (whom I will be seeing in a couple of days).

I was most interested by Margerie Livingstone's letter - and when I met Hubel and Wiesel at a recent meeting of the NY Academy of Sciences (I had met them both before), I spoke to them briefly about your experiences, and they were both intrigued, and encouraged me to explore more. There may be a dogma, as you say, but they themselves are as open as can be .. I feel, and have felt, since receiving your first letter, that all these issues need a wide (and wise) publication, but am not sure at the moment how this would be best done, and who should do it. With stereowards. oliy

2005년 4월 16일

　수에게,

12일에 보내신 놀라운 편지 잘 받아 보았습니다. 방금 읽었는데, 완전히 빨려들어서 끝까지 집중해서 읽었습니다(그래도 수차례 재독이 필요할 것으로 보입니다). 지난번 편지 이후로 논문 찾는 거며 연락 취하는 거며 조사를 엄청 많이 하셨더군요—그리고 생각도 무척이나 많이 하셨고요. 어느 프랑스인의 말마따나, 교수님(그리고 다른 사람들도)의 경험이 과연 "생각의 폭풍"을 일으켰나 봅니다.

　어렸을 때 받았던 수술 정보와 단안시가 된 의사의 흥미로운 사례를 전해 주신 이전 편지에 제가 감사를 표했는지 잘 모르겠네요(요즘 집을 자주 떠나 있었습니다). 만약 그러지 못했다면, 뒤늦게나마 지금이라도 감사하다고 말씀드리고 싶습니다. 물론 (4월 12일 자의) 새 편지도 밥 와서먼과 랠프에게 한 부 복사해서 보내겠습니다(며칠 뒤 직접 만날 예정입니다).

　무엇보다 가장 흥미로웠던 부분은 마저리 리빙스턴과 주고받은 편지였습니다—최근 뉴욕과학아카데미 모임에서 허블과 비셀을 만나(두 사람은 전에도 만난 적이 있습니다) 간략하게 교수님 이야기를 전했더니, 둘 다 크게 관심을 보이며 저더러 더 자세히 알아보라고 하더군요. 교수님 말처럼 정설이 자리 잡았을지는 몰라도, 둘은 생각이 활짝 열린 사람입니다.. 교수님께 처음 편지를 받았을 때부터 줄곧 이 사안을 널리 (그리고 현명하게) 알려야 한다는 생각이 듭니다만, 지금으로선 가장 좋은 방법이 무엇일지, 누가 그 일을 맡아야 할지 잘 모르겠네요. 입체적인 안부를 전하며.

이 편지에서 올리버는 마거릿 리빙스턴의 이름을 잘못 썼다. 작은 그림들은 올리버가 손으로 직접 그린 입체쌍이다. 한 쌍의 그림은 각각 오른쪽과 왼쪽 눈으로 본 이미지를 나타낸다. 나는 도구 없이 맨눈으로 하는 '자유 융합' 방식을 써서 이 입체쌍을 3차원 이미지로 보려고 애쓰며 즐거운 시간을 보냈다. 두 눈의 초점을 가운데로 모아 수렴 융합도 해 보고, 종이 너머에 초점을 맞춰 발산 융합도 해 보았다.

올리버의 편지를 읽고 오랫동안 곰곰이 생각했다. 특히 끝인사 전의 마지막 문장에 대해서. 내 추측으로 올리버는 나의 이야기를 빼앗고 싶지 않았던 것 같다. 하지만 그때 나는 이 이야기를 직접 발표할 자신이 없었다. 사시였던 어린 시절에는 가끔 내가 괴물처럼 느껴졌다. 독서나 자전거 타기, 운전 같은 일상적인 활동을 쉽게 터득하지 못했기 때문에 스스로가 어딘가 부족한 사람 같았다. 내 이야기를 쓰고서 무식하고 순진하다는, 심지어 망상에 빠졌다는 소리를 듣는다면 아마 나는 무너져 버렸을 것이다. 이 생각을 올리버에게 털어놓지는 않았지만 아마 그는 다 알아차렸으리라 생각한다.

게다가 올리버의 편지에는 아주 솔깃한 정보가 들어 있었다. 그는 내 사례를 노벨상 수상자이자 시각 발달 분야에서 "결정적 시기"라는 용어를 처음 만든 장본인인 허블David H. Hubel 박사와 비젤Torsten Wiesel 박사에게 전달했다고 했다. 올리버의 말마따나 두 과학자가 정말로 "생각이 활짝 열린 사람"이라면 용기를 끌어모아 편지를 써 보는 편이 좋을지도 모른다. 그래서 2005년 5월 7일, 데이비드 허블에게 이메일을 보냈다.

허블 박사는 5월 27일에 답장을 보내 늦어서 미안하다고, 이제 막 대상포진에서 회복했다고 썼다. "교수님의 사시 경험과 안구 교정 뒤 극적으로 시력을 회복한 과정, 시력 훈련에 대해 말씀해 주신 흥미로운 편지, 감사하게 잘 받았습니다." 허블은 자신과 비젤의 사시 설명이 불완전했다는 사실에 "애석함"을 느꼈다. 갓 태어난 원숭이나 아기에게 양안시를 매개하는 양안 세포가 있는지는 전혀 알려진 바 없었지만, 그는 아마 있을 거라고 예상했다. 만일 신생아에게도 양안 세포가 있다면, 나처럼 유아기 때 사시가 생긴 사람에게도 양안 세포가 있을지 모른다. 허블은 이렇게 썼다. "교수님의 설명을 듣고 조심스럽게 추측해 보자면, 교수님에게는 줄곧 입체시 능력이 있었지만 안구 부정렬 때문에 그 능력이 발휘되지 않았던 것으로 보입니다. 안구가 정렬되어 이미지가 융합되자 입체시가 발현된 것이지요." 그리고 훈련을 계속하면 입체시가 개선될 거라고도 말했다(정말로 그랬다).

허블은 올리버에게도 편지가 와서 같은 내용으로 답장을 보냈다고 했다. 그리고 편지를 마무리하며 내게 막 출간된 저서 《뇌와 시지각Brain and Visual Perception》을 보내 주겠다고 했다. 허블 박사가 노벨상을 받은 것은 어느 정도는 결정적 시기를 발견한 공로 덕분이었다. 나의 시력 변화는 이 개념을 정면으로 반박하는 사례였는데도 그는 내 말을 믿어 주었다. 이메일의 마지막 부분에 이르렀을 때 내 몸은 바들바들 떨리고 있었다.

∽

그로부터 12일이 지난 6월 8일, 올리버에게서 전화가 왔다. 먼저 집으로 걸려 온 전화를 댄이 받아서 내가 지금 매사추세츠 우즈홀에 있고 여름 동안 해양생물연구소에서 그라스 펠로우십 프로그램을 지도할 거라고 얘기해 주었다. 그러면서 애들 학기가 끝나면 자신도 애들과 함께 합류할 것이니, 생체 발광 미생물인 녹틸루카Noctiluca가 케이프코드 연안에 모여드는 8월에 한번 놀러 오라고 말했다. 이 제안이 올리버의 구미를 자극했다. 수영보다 더 좋은 것이 있다면, 그건 바로 생체 발광하는 바다에서 하는 수영이다.

올리버가 우즈홀에 있는 연구실로 전화를 걸어 왔을 때, 먼저 우리는 녹틸루카 이야기를 하고 나서 방문 계획을 논의했다. 그런 다음 올리버는 머뭇거리며 나를 주인공으로 글을 한 편 썼는데 괜찮은지 궁금하다고 물었다. 당연히 괜찮았다. 또 그는 내가 스스로 좀 집요하다고 생각하는지 물었다. 오로지 내 시각적 경험이 특이하지 않다는 사실을 증명하려고 밤늦게까지 정보를 찾고 편지 폭격을 퍼부은 것이 떠올랐다. 그래서 대답했다. 네, 제가 좀 집요할 때가 있죠. 나는 올리버의 질문이 아무렇지 않았다. 속으로 이렇게 생각했다. '동족은 서로를 알아보는 법.'

내가 보낸 편지와 자료에 허블의 의견까지 더해진 덕분에 올리버가 내 사연을 글로 써서 발표하겠다고 마음먹을 수 있었던 것 같지만, 그게 다는 아니었다. 올리버는 내 시력 검사 결과뿐만 아니라, 내가 새로 얻은 입체시에 열렬히 반응하고 그 경험을 열과 성을 다해 설명한다는 점도 중요하게 고려했다. 그는 나의 순수한 기쁨과 그 기쁨을 (본인의 표현에 따르면) "시적으로" 묘사한 방식에 감탄했다. 내 "집요함"과 흥분을 히스테리나 망상으로 여기지 않았다. 올리버는 진지한 태도로 나를 대했고, 그럼으로써 내가 정말로 심오한 변화를 경험했음을 알아보았다.

게다가 시력 변화는 또 다른 변화를 불러왔다. 나 스스로는 깜짝 놀랐지만, 나보다 더 전체론적으로 사고하는 올리버는 그렇지 않았을지도 모를 변화였다. 1976년에 전기공학자였던 남편 댄을 처음 만났을 때, 댄은 내가 "저주파 통과 필터" 같다고 말했다. 한결같고 차분하다는 의미의 칭찬이었다. 그러나 이제 나는 더 이상 나 자신이 그렇게 느껴지지 않았다. 눈 닿는 곳마다 만물이 새로워 보였다. 사물 사이 빈 공간의 부피와 3차원 형태가 눈에 보였다. 나뭇가지가 내게 손을 뻗었고, 조명이 둥둥 떠다녔다. 슈퍼마켓 농산물 코너에 가면 그 휘황찬란한 광경과 냄새에 거의 황홀할 지경이었다. 나 같은 하드코어 과학자에게는 이 모든 사태가 심히 당혹스러웠지만, 올리버와 편지를 나누며 이 변화를 서서히 이해할 수 있었다. 8년이 지난 2013년 7월 9일, 나는 올리버에게 이렇게 썼다.

올리버에게,

…

시력 변화는 한편으로 위기를 불러왔습니다. 원래 저는 늘 환원주의적 과학의 설명하는 힘을 신뢰해 왔어요. (앗, 박사님이 가장 좋아하는 단어 중 하나인 "힘"이라는 단어를 썼네요!) 그런데 이제는 신경과학을 연구하는 것을 넘어 직접 경험하게 되었습니다. 데카르트의 이원론*에 동의하는 건 결코 아니지만, 실험과 도표로 설명할 수

* 데카르트는 사고하는 정신과 물리적 뇌가 별개의 실체라고 믿었다.

있는 것이 우리 생각보다 훨씬 적다는 사실을 알게 된 거예요. 제 뇌 속에서 변화하고 있는 시각 회로의 지도를 아무리 정확하고 완벽하고 상세하게 그린다 해도, 세상을 입체로 보기 시작한 이래 경험한 전반적인 인식 변화와 깨달음의 순간, 격렬한 감정은 절대로 설명할 수 없어요.
...

게다가 과학자와 의사들은 결정적 시기가 있다는 학계 정설을 끝까지 고수한 나머지 제 시각 능력을 알아보지 못했죠. (물론 데이비드 허블은 최선을 다해 저를 지지하고 자기 시간을 아낌없이 내어 주었지만요.) 그런 사고방식 때문에 지금도 사시인과 약시인이 필요한 치료를 받지 못하고 있습니다. 저는 환원주의적 과학을 전부 내다 버리고 싶었습니다. 시야가 너무 편협하고, 파편화되었고(박사님의 이 표현이 마음에 쏙 듭니다), 인간을 기계 취급한다고 느꼈어요. 이렇게 환멸을 느끼면서 어떻게 계속 과학자로 살아갈 수 있을까요?

 그러다 박사님의 글을 읽고, 그중에서도 특히 《나는 침대에서 내 다리를 주웠다》에서 박사님이 느낀 환멸을 묘사한 부분을 읽고 답을 찾았습니다. 마지막 장에서 박사님은 잭슨과 셰링턴, 헤드, 레온티예프, 자포로제츠, 심지어 루리야** 조차 시야가 좁다고 비판했지만 그들에게서 완전히 돌아서지는 않았죠.

그들 모두가 "과학 자체가 처한 곤경"에 빠져 있었어요. 그들이 설명하는 구조와 도식을 통해 배우되, 이러한 부분의 합이 곧 전체는 아님을 깨달아야 했습니다. 이 사람들은 한 개인의 전체적인 스타일과 자발성, 인식, 통일성―게슈탈트―를 설명하지 못해요. 저는 박사님의 에세이 〈암점 : 과학계의 망각과 무시〉•에서 제 경험을 더욱 객관적이고 역사적으로 이해하는 방식을 발견했습니다. 능력이 탁월했지만 세상에서 거의 잊힌 검안사 프레더릭 브록Frederick W. Brock이 개척한 시력 훈련법을 우연히 접했으니, 저는 운이 아주 좋았죠. 브록의 전체론적 발상은 시대를 한참 앞서간(너무 일렀던) 것이었어요. 저는 책을 더 폭넓게 읽고 다른 분야의 개념도 받아들여야 한다는 사실을 서서히 깨달았습니다. 환원주의 과학을 거부할 필요는 없었어요. 그저 왕좌에서 끌어내리기만 하면 됐죠. 이렇게 저의 환멸은 해방감으로 변했답니다.

- •• 이들 모두 탁월한 신경학자이며, A. R. 루리야는 올리버와 편지를 주고받은 그의 멘토였다.
- • 이 에세이는 처음에 로버트 B. 실버스, 스티브 제이 굴드의 《숨겨진 과학의 역사》에 실렸다가 나중에 색스의 《의식의 강》에 재수록되었다.

자신의 경험이 일반적인 믿음이나 확고한 정설과 반대될 때 우리는 어떻게 할까? 자기 경험을 편향적이고 결함 있는 것으로 치부해 버릴까, 아니면 권위에 의문을 제기할까? 올리버가 내 편지를 더없이 진지하게 받아 준 덕분에, 나는 자신감을 가지고 내 경험을 신뢰할 수 있었다.

게다가 올리버와 나의 공통점은 집요한 성격뿐만이 아니었다. 우리 둘 다 글을 쓸 때 생각이 가장 잘 풀렸다. 올리버가 나를 주인공으로 글을 써서 발표한 후에도 나는 계속해서 올리버에게 편지를 보냈다. 내 이야기를 검토하고 정리하고 결국 책으로 낼 수 있었던 건 올리버와 꾸준히 편지를 주고받은 덕분이었다. 그렇게 나는 환자에서 주체로, 다시 저자로 변신했다. 하지만 너무 앞서나가진 말자. 그전에 먼저 "스테레오 수"가 있었다.

생체 발광하는
밤바다에서

"저를 사람이 아니라 캐릭터로 만들어도 괜찮습니다."

나는 올리버에게 보낸 다음 편지(2005년 6월 13일 자)에서 이렇게 말했다. 올리버가 어린 시절을 회고한 저서 《엉클 텅스텐》에서 감사의 말을 전하며 인용한 프리모 레비의 문장을 바꾸어 표현한 것이다. 그가 내게 공감하며 내 이야기를 정확하게 써 주리라 믿는다고 말하는 나름의 방식이었다. 더불어 내 시력 일지를 전부 동봉하고, 그가 전화로 물었던 몇 가지 전문적 질문에 답했다. 그 당시 나는 우즈홀의 해양생물연구소에서 펠로우십을 지도하며 주말마다 사우스해들리에 있는 집에 다녀오고 있었다. 그래서 올리버의 질문에 빠짐없이 답한 뒤, 올리버도 나도 사랑하는 우즈홀에서의 여러 기쁨에 대해 신나게 이야기했다.

완전히 다른 이야기인데, 저번에 해양생물연구소에 있는 물탱크에서 오징어를 한참 관찰했습니다. 오징어의 눈은 머리 양쪽에 붙어 있습니다. 그러니 틀림없이 앞뒤가 다 잘 보이겠죠. 그럴 만도 한 게, 오징어는 앞으로도 뒤로도 움직이잖아요. J. 제드 영 Zed Young이 문어와 오징어의 눈 근육을 비교한 논문을 읽었는데, 오징어에게는 두 눈을 가까이 모으기 위한, 그러니까 아마도 양안시를 위한 눈 근육이 따로 있다고 하네요. 양안시가 먹이를 향해 정확히 촉수를 뻗는 데 매우 요긴할 거예요.

   최근에 박사님의 책《오악사카 저널》을 굉장히 재미있게 읽었습니다. 포시커 fossicker•라는 단어도 새로 배웠고요. (사전을 찾아봐야 했습니다.) 저도 식물학자, 조류학자와 하이킹이나 캠핑을 자주 떠나는데요. 그들을 보면 박사님 책에 등장하는 양치식물학자 이야기가 떠오릅니다. 뛰어난 동식물 연구자가 바깥세상에서 세밀한 정보와 생동감 넘치는 순간을 발견하는 모습을 보면 늘 감탄스럽습니다. 한번은 조류학자인 친구와 해변에 새를 관찰하러 갔는데요. 어디선가 삑 하는 울음소리가 들리자, 친구가 새를 발견하기도 전에 이렇게

•   귀중한 돌이나 화석을 찾아다니는 사람.

말하는 겁니다. "아, 귀뚤논병아리야. 봄철 깃털이 나는 시기지." 삑 소리 한 번에 이걸 다 맞추더라고요.

이번 주말, 댄과 앤디를 보러 사우스해들리에 갔습니다. 일요일에 다시 우즈홀로 돌아와 버스에서 내리는데 마음이 싱숭생숭하고 심란해서, 올여름 첫 수영을 개시하려고 곧장 해변으로 향했습니다. 바닷물은 피가 식을 만큼 차가웠고, 바다에 있는 온혈동물은 저를 제외하면 잔뜩 신나서 공을 주워 오는 강아지 한 마리뿐이었어요. 그래도 수영은 즐거웠고, 몇 시간이나 버스를 타고 난 뒤의 느낌을 말끔히 지워 주었습니다.

오늘 원생동물학자인 친구에게 녹틸루카가 언제 찾아오는지 물어봤습니다. 보통 7월 말에 나타나서 8월에 절정을 이룬다고 하더라고요. 알렉산드리움 펀디엔스Alexandrium fundyense가 크게 번식하는 적조 현상이 녹틸루카 개체수에 어떤 영향을 미치는지는 모르지만, 그리 큰 영향은 아닐 거라고 했어요. 8월에 녹틸루카와 함께 수영하러 언제든 놀러 오세요.

정보가 더 필요하면 편하게 말씀 주시고요. 데이비드 허블 박사와 주고받은 이메일, 그리고 박사님의 시력 훈련을 위한 브록 스트링을 동봉합니다.

양안시를 담아,

Sue

5일 뒤 올리버에게서 답장이 왔다.

2005년 6월 18/19일?
(잘 모르겠어요. 시차 때문에 헷갈리네요!)

수에게,

급히 알래스카에 갔다가 이제 막 돌아온 터라 아주 짧은 답장 보냅니다.

올리버는 자신이 다녀온 여행을 간략하게 설명하고 조만간 다시 런던으로 떠난다고 덧붙였다. 그리고 형용사로 가득한 다음 단락에서 편지의 진짜 본론인 내 시력 이야기로 화제를 돌렸다.

입체시의 '발달 단계'를 명확하게 보여 주는, 이루 말할 수 없이 상세하고 귀중한 설명, 그리고 2002년 2월 셋째 주*에 있었던 결정적 며칠을 포함한 소중한 일지를 보내 주셔서 감사합니다. 또한 입체시 전반의 맥락에서 교수님과 교수님의 경험을 글로 쓰는 것을 흔쾌히 허락해

- 내가 처음 입체시로 보았던 때를 말한다.

주셔서 감사드립니다. 존중하는 태도로 임할 것을
약속드립니다.

올리버는 아직 글을 수정하고 있었고, 여행에서 돌아오면 완성된 글을 내게 보내 주겠다고 했다. 그리고 다음과 같이 편지를 마무리했다.

로저 핸론˚에게 유쾌한 연락을 받았어요. 7월에 우즈홀에 (열렬한 서퍼이자 카야커 등등인 밥과 함께) 가서 두 분/여러분을 만나고 발광하는 바다 수영의 유체역학을 만끽할 수 있기를 바랍니다.

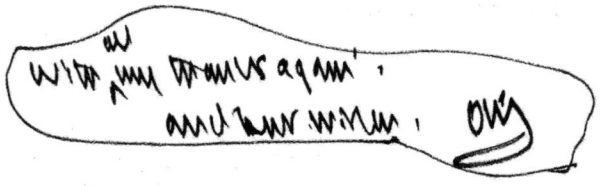

- 로저 핸론Roger Hanlon은 전 세계를 여행하며 두족류를 연구하는 해양생물연구소 수석 과학자다. 문어와 오징어, 갑오징어 등의 두족류는 올리버가 가장 사랑하는 생명체들이다. 아름다운 삽화가 들어간 로저의 두 과학책《두족류의 행동Cephalopod Behavior》《문어와 오징어, 갑오징어Octopus, Squid & Cuttlefish》뿐만 아니라 TED 강연을 비롯한 여러 온라인 영상에서 그의 놀라운 사진과 새로운 발견을 확인할 수 있다.

이 끝인사에는 "다시 한번 감사를 전하며 안부를 기원합니다, 올리버"라고 적혀 있다.

∽

나는 6월 27일에 올리버에게 보낸 "세계여행자에게"라고 시작하는 편지에서, 생체 발광하는 녹틸루카와 함께 수영하기에는 8월이 가장 좋다고 말했다. 그리고 7월 9일이 올리버의 생일이었기에 오징어 그림이 그려진 냄비 받침을 선물로 보냈다.

    손으로 직접 쓴 올리버의 다음 편지에는 올리버가 즐겨 만드는 합성어와 더불어, 그와 화학 원소의 색다른 관계가 등장한다.

OLIVER SACKS, M.D.
2 HORATIO ST. #3G · NEW YORK, NY · 10014
TEL: 212.633.8373 · FAX: 212.633.8928
MAIL@OLIVERSACKS.COM

July 15/05

Dear Sue,

Thank you so much for your nice birthday card, and the handsome squid silver (which I have added to my teuthobilia). It is hafnium, now, as you say, and I have ordered myself a little, obvious ingot of this as a lest I forget...

...

I hope I can stay over with you and/or Roger [crossed out] when I am in Wood's Hole, and swim, kayak, read — and talk about robots, space, invertebrates and — (current) stereopsis.

...

My best to you both,

Oliver

2005년 7월 15일

수에게,

친절한 생일 축하 카드와 멋진 냄비 받침 고맙습니다(내 테우토빌리아*에 추가했어요.) 교수님 말대로 이제 하프늄이군요. 까먹지 않으려고 작고 푸르스름한 하프늄 덩어리를 하나 주문해 놓았어요.**

…

우즈홀에서 교수님 그리고/또는 로저와 함께 지내며 수영하고, 카약 타고, 실컷 먹을 수 있으면 좋겠습니다—로봇과 우주, 무척추동물 이야기도 하고요—물론! 입체시 이야기도요.

…

두 분께 안부를 전하며,
올리버

- • 테우티스Teuthis는 오징어의 속屬이다. 올리버는 이 단어와 수집품을 뜻하는 메모라빌리아memorabilia를 합쳐 '테우토빌리아teuthobilia'라는 합성어를 만들었다.
- •• 올리버는 사람 나이를 원자번호로 셌다. 그해 올리버는 막 72세가 되었고, 원자번호 72번은 하프늄이다.

7월 28일, 올리버의 오랜 편집자이자 개인 비서인 케이트 에드거에게 이메일을 받았다.

우선 〈스테레오 수〉라고 이름 붙인 올리버의 원고 초안을 페덱스를 통해 교수님의 해양생물연구소 주소로 방금 부쳤습니다. 내일 정오쯤 도착할 거예요. 교수님의 피드백을 기다립니다!

다음 날 페덱스로 소포가 도착했고, 나는 원고를 재미있게 읽었다. 올리버는 세상을 처음 3차원으로 봤을 때 내가 느낀 충격과 기쁨, 그리고 이 경험의 새로움을 글로 잘 담아냈다. 그는 이렇게 썼다. "그러나 입체맹에게 입체시가 어떤 느낌인지를, 입체시의 주관적 느낌, 즉 퀄레quale•가 저마다 다르며 색채의 퀄레 못지않게 놀랍다는 사실을 알리는 것은 불가능하다."

나흘 뒤 의견을 달아 케이트에게 이메일을 보냈다. 이전에 결정적 시기 개념을 두고 올리버와 논쟁을 벌인 적이 있긴 했지만 대부분 정확도를 높이기 위한 수정 사항이었다. 그날 오후, 올리

• 빌라야누르 라마찬드란과 샌드라 블레이크스리는 《라마찬드란 박사의 두뇌 실험실》에서 퀄레(복수형은 퀄리아qualia)를 "'고통' '빨간색' '트러플을 곁들인 뇨키'에 대한 주관적 느낌과 같은 날것의 감각"으로 정의한다.

버가 이메일을 보내(올리버는 컴퓨터를 사용하지 않아서 케이트를 통해 보냈다) 빠르고 꼼꼼하게 원고를 읽어 주어 고맙다고 말했다. 내가 제안한 수정 사항은 대부분 반영되었다.

2005년 8월 11일, 올리버와 밥이 우즈홀에 도착해 이틀은 로저 핸론과, 이틀은 우리 가족과 함께 보냈다. 나처럼 올리버도 자기 전 침대에 누워서 입체그림 보기를 즐겼기 때문에, 올리버가 묵을 침실을 준비하며 침대 옆 탁자에 장난감 뷰마스터View-Master를 올려놓았다. 올리버는 우리 집에 들어서자마자 내게 포옹하고 서류철을 건네주었다. 그 안에는 새로 수정한 〈스테레오 수〉 원고, 그리고 그가 자문한 여러 과학자와 나눈 편지 복사본이 들어 있었다.

다음 날 아침, 올리버는 일찍 일어나 있었다. 식탁 한가득 종이를 펼쳐 놓고 만년필 쥔 손으로 열심히 일하는 중이었다. 나는 그에게 가장 처음 읽은 그의 책이 《깨어남》이었다고 말했다. 어머니가 파킨슨병을 앓았기에 그 책에 담긴 사연들이 대단히 감동적이었고 올리버의 글에도 푹 빠져들었다. 올리버는 그 책을 주의 깊게 읽으면 어깨 부상으로 직접 글을 쓰지 못해 어쩔 수 없이 다른 사람에게 받아쓰게 했던 부분을 아마 찾아낼 수 있을 거라고 했다.

당연하게도 우리는 대부분의 시간을 함께 수영하며 보냈다. 나는 스토니비치에서 시작해 펜잰스포인트의 돌로 만든 잔교까지 헤엄치는 나의 최애 수영 코스로 올리버와 밥을 안내했다. 올리버는 힘차고 거침없는 스트로크로 금세 먼 바다까지 나아갔다. 밥과 나는 깜짝 놀라서 올리버에게 해안에 붙어서 헤엄치라고 소리쳤다. 잔교에 도착한 올리버는 우리 집 계단에 난 이끼를 자세히 뜯어봤던 것처럼 잔교에서 자라는 해초를 한참이나 쳐다보았다. 올리버의 관심과 공감을 받지 못할 만큼 시시하거나 사소한 것은 세상에 없었다.

해변에서 집으로 돌아오는 길에 나는 밥과 함께 뒤에서 걷고 올리버는 줄곧 살짝 앞서 걸었다. 집 앞마당으로 들어서는데 시야 한쪽 끝에 주황색 무언가가 들어왔다. 그쪽을 쳐다보니 올리버가 수영복을 말리려고 나뭇가지에 걸어놓은 것이 아닌가. "어떡해!" 나는 순간 당황했다. "올리버가 수영복을 벗었어요. 지금 아무것도 안 입고 있어요!" 천천히 고개를 돌려 올리버를 바라봤다. 그는 커다란 비치 타월을 허리에 단단히 두른 채로, 깜짝 놀란 나를 쳐다보며 겸연쩍게 웃었다.

뜻밖의 우연으로, 우리가 빌린 집 건너편에 올리버가 《목소리를 보았네》에서 소개한 가족이 머물고 있었다. 우리는 다 함께 모여 근사한 저녁 식사를 했고, 밖이 어두워진 뒤 우리 부부와 아이들, 올리버, 밥은 녹틸루카와 수영하려고 다시 해변으로 향했다. 해변에 도착하자 해안 경비대 두 명이 들어가면 안 된다고 말했다. 댄이 (약간의 과장을 보태) 과학 연구 중이라고 설명하자 그제야 순순히 들여보내 주었다. 우리는 녹틸루카가 생체 발광하며 반짝이는 바닷물 속에서 신나게 팔다리를 휘저었다.

올리버와 밥은 다음 날 아침 일찍 떠났고, 그로부터 이틀 뒤에 쓰인 편지가 도착했다.

2005년 8월 15일

수와 댄에게,

정말 근사한 주말이었습니다. 밥과 나는 무척 즐거운 시간을 보냈어요(우리가 너무 까다로운 손님이 아니었기를 바랍니다).

최근에 글을 다시 살짝 고쳤는데요—교수님의 제안(과 표현)을 반영하고 여기저기를 조금 손본 정도입니다—입체영상의 초기 역사를 더 길게 다루었고(훨씬 길게 쓸 수도 있겠지만 그러면 나머지 부분과 균형이 안 맞겠지요) 또 (보시면 아시겠지만) 즐거웠던 녹틸루카 경험을 추가했습니다. 그 글을 다시 첨부합니다—이제 나는 《뉴요커 The New Yorker》의 편집자에게 보내도 될 것 같아요.

그리고 올리버는 내게 혹시 이름을 가명으로 바꾸고 싶은지 물으며 "개인적으로는 '스테레오 수'가 마음에 들지만 교수님을 난처하거나 불쾌하게 하고 싶지는 않아요"라고 덧붙였다.

지금 돌아보면 내가 스테레오 수라는 이름을 얼마나 좋아하는지를 올리버에게 말한 적이 없는 것 같다. 이 이름은 통통 튀는 데다 그 유명한 베토벤 5번 교향곡의 첫 소절과 리듬이 비슷하다!

작은
개인적 승리

2005년 9월, 〈스테레오 수〉 원고를 마무리하던 올리버가 새로운 소식과 질문을 담은 편지를 보내왔다.

2005년 9월 28일

수에게,

케이트와 저는 이제 막 유럽에서 돌아왔습니다—기분은 좋지만 시차 피로가 있고, 우편물이 산처럼 쌓여 있군요(이메일은 더 많고요).
    하지만 그 우편물 더미에는 데이비드 허블의 멋진 편지가 들어 있었습니다. 글이 아주 마음에 든다고 했고, 흥미로우면서도 중요한 논평을 몇 개 달아

주었습니다(하지만 늘 그렇듯 겸손한 태도로 그리 대단한 의견은 아니라면서 "아무것도 바꾸지 말라"고 덧붙였습니다). 며칠 뒤 보스턴에 가서 허블을 만나고, 하버드 마음두뇌행동 팀에게 〈스테레오 수〉 원고를 보여 줄 예정입니다.

나는 여기서 잠시 읽기를 멈췄다. 내 이야기가 처음으로 하나의 사례가 되어 나를 모르는 신경과학자들의 토론 주제가 되는 것이었다. 나도 신경과학자지만 이제 한편으론 환자이기도 했다. 혼란스러우면서 그리 편치만은 않은 입장이었다.

그리고 한 가지 궁금한 점이 있습니다. 아침에 《히든 뎁스Hidden Depth》(해리 스토리Harry Storey가 엮은 자동입체화autostereogram 모음집)를 '한판' 하면서 떠오른 건데요. 교수님은 자동입체화를 '알아볼' 수 있나요? (만약 그렇다면 무작위 점 입체화도 알아볼 수 있다는 뜻입니다.) 왜냐하면, 자동입체화 중 (적어도) 어떤 것은 무작위 점 입체화처럼 순전히 추상적인 점으로 이루어져 있잖아요. 더 정확히 말하면, 이런 종류의 입체그림을 알아보십니까?

이 질문을 빼면, 이 편지는 그냥 '안부 인사'입니다—저희를 환대해 주셔서, 또 우즈홀에서

순수한 기쁨을 만끽할 수 있게 해 주셔서 다시 한번
'감사'를 표합니다―여러분 모두에게 안부를 전하며.

나는 즉시 이메일을 보내 올리버의 질문에 답했다.

단순한 자동입체화는 볼 수 있습니다. 가로줄 하나에
도형 하나가 반복되고, 그 아래 가로줄에 또 다른
도형이 반복되고, 그렇게 쭉 이어지는 종류입니다. 이런
입체그림은 대개 줄마다 깊이가 다르지만, 어떤 것은 같은
줄 안에서도 도형마다 깊이가 다릅니다. 이런 그림들은
쉽게(그리고 무척 신나게) 알아볼 수 있는데, 아마 제가
수렴 융합과 발산 융합을 꾸준히 연습하기 때문일 겁니다.

그러나 올리버는 내 답장에 만족하지 않았다. 그는 내가 무작위 점 입체화와 매직아이Magic Eye 자동입체화에서 이미지를 실제로 볼 수 있는지 알고 싶어 했다. 오로지 입체시가 있는 사람만이 이러한 입체그림 속 이미지를 볼 수 있기 때문이다. 그리하여 2005년 10월 10일, 나는 어느 매직아이 책에 들어 있는 자동입체화 여섯 점을 올리버에게 보냈다. 내 시력 상태를 올리버

에게 한 점 거짓 없이 알리고 싶었기에, 내 눈에 무엇이 보이는지 자세히 설명했다. 예를 들면 한 매직아이 그림(부록의 그림 1)에 관해서는 이렇게 적었다.

얼굴 두 개가 제법 잘 보입니다. 오른쪽 얼굴은 옆모습이고, 정면을 바라보고 있는 왼쪽 얼굴보다 더 앞에 있어요. 댄은 두 얼굴에서 눈 같은 이목구비도 보인다고 합니다. 저는 그런 건 보이지 않지만, 두 얼굴이 확실히 그림 앞쪽으로 툭 튀어나와 있어요.

그리고 이런 자동입체화에서 3차원 이미지를 볼 때 "온몸에 전기가 흐르는 것처럼 짜릿하고, 내가 그림 위를 둥둥 떠다니는 것 같습니다"라고 덧붙였다.

편지 끝에 올리버를 위한 특별 선물을 첨부했다. 내 친구 캐런 크로퍼드•가 찍은, 수정된 지 12일 차의 길이 2.4밀리미터짜리 아름다운 오징어 배아 사진이었다(부록의 그림 2).

올리버가 내 이야기에 관심을 보이고 내 설명을 믿어 준 덕분에, 직접 책을 써 보면 어떨까 고민할 만큼 자신감이 생겼다. 그러면 양안시와 사시, 시력 훈련, 신경가소성을 올리버의 〈스테레오 수〉보다 훨씬 상세히 다룰 수 있다. 나는 1년간 안식년을 갖고 책을 집필할 계획을 세웠다. 10월 14일 자 이메일에서 이 계획을 언급하자 올리버가 굉장히 긍정적인 반응을 보였다.

2005년 10월 17일

수에게,

교수님이 14일에 보내신 근사한 편지에 (비교적) 짧은 답장을 보냅니다(저는 지금 《뉴요커》에 실을 다른 글을 '마감'하느라 고생하고 있습니다. 실어증에 관한 글인데요. 《뉴요커》는—그리고 저는—이 글 다음에 '교수님' 글로 넘어갈 예정입니다. 현재 저의 관심은 주로 음악과 뇌에 있고, 요즘 이 주제로 글을 쓰고 있습니다).

- 편지에서는 이렇게 첨언했다. "캐런의 머릿속에는 늘 3차원의 오징어 배아 이미지가 있어서 언제든 방향을 돌리며 조작할 수 있다고 합니다. 캐런은 뛰어난 수영 실력의 소유자이기도 해요. 올 여름 우리는 일주일에도 몇 번씩 바다로 가서 신나게 수영을 즐겼답니다. 또한 캐런은 제가 아는 사람 중 시지각이 가장 뛰어나요. 머리 위를 날아가는 물수리나 물속에서 먹이 쟁탈전을 벌이다 수면 위로 뛰어오르는 작은 물고기를 항상 제일 먼저 찾아내죠. 해변에서 파도에 마모된 둥글둥글한 유리 돌을 찾을 때면 제가 한 개 찾는 동안 다섯 개를 찾아요." 이 편지를 쓰고 18년이 지난 오늘날에도 캐런은 여전히 오징어의 발달을 연구하고 있다. 캐런과 그의 동료들은 캐런이 개척한 고난이도 기법을 이용해 세계 최초로 오징어 배아에 크리스퍼CRISPR 유전자 가위 기술을 적용했다. K. Crawford et al., "Highly efficient knockout of a squid pigmentation gene," *Current Biology* 30, no. 17 (September 2020): 3484-90 참조.

우선 멋진 오징어 배아 사진 감사드립니다. 정말 아름다워요. 제 두족류 전용 문 위에 다른 멋진 테우티안* 사진들과 함께 붙여 놨습니다. 교수님이 알아볼 수 있는 매직아이 자동입체화를 보내 준 것도 고맙습니다(매직아이—그리고 이러한 '착시'의 역사에 관한 내용은 이미 글에 추가했습니다).

(이전 편지에서) 테레사 루지에로 박사의 탁월한 의견을 전해 준 것도 고맙습니다. 잘 생각해 보고 교정쇄가 오면 반영하도록 하겠습니다.

그리고 교수님이 입체시-안식년을 고려하고 있다니, 정말 기쁜 소식이군요! 인간의 시각적 가소성과 성인기에 입체시를 습득할 가능성을 (실제 경험의 측면에서) 교수님만큼 제대로 다룰 사람은 없지요. 게다가 신경생물학자로서 전문 지식을 전부 쏟아부으실 테고요. 잘될 수밖에 없는 조합입니다!

조만간 더 길게 편지하겠습니다. 지금은 시간이 없네요.

- 올리버는 다시 한번 창의력을 발휘해 오징어의 속명인 '테우티스'로 '테우티안teuthian'이라는 형용사를 만들었다.

그로부터 약 한 달 뒤, 나는 내게 정말 입체시가 있을까 하는 의심을 말끔히 떨쳐 냈다. 2005년 11월 25일에 쓴 다음 편지에서 나는 이때의 일을 이렇게 설명했다.

요전에, 정확하게는 11월 23일에, 처음으로 무작위 점 입체화에서 이미지가 보였어요. 벨라 율레스Bela Julesz의 《키클롭스적 지각의 기초Foundations of Cyclopean Perception》를 읽다가 기초 RDS**에 들어 있는 컬러 입체그림, 즉 그림. 2.4.1을 백여 번째로 쳐다봤을 때(이 입체그림을 컬러 복사해서 동봉합니다), 가운데 있는 네모의 중앙 부분이 위로 쑥 올라온 것 같았는데, 느낌이 그리 강렬하진 않았어요. 제 눈을 믿지 못하고 부엌으로 가서 차 한 잔을 마신 뒤, 다시 적녹 안경을 쓰고 그림을 들여다봤죠. 그런데 이번에는 가운데 네모의 중앙 부분이 안으로 움푹 꺼져 있고 그 주변이 비스듬하게 튀어나와 있는 거예요. 깜짝 놀라서 왜 깊이가 반전되었을까 고민하다가, 적녹 안경을 벗고 나서야 안경을 뒤집어 써서 적색이 아닌 녹색 렌즈가 오른눈에 가 있었다는 걸

•• 무작위 점 입체화random dot stereogram의 약자다. 부록의 그림 4에서 RDS의 예를 확인할 수 있다.

깨달았어요. 이 우연한 실수 덕분에 제가 정말로 무작위 점 입체화에서 이미지를 보고 있었다고 확신할 수 있었죠.

이어서 나는 연습할수록 네모가 더 확실하게 튀어나온다고, 이러한 발전은 최근 두 눈의 수직 부정렬을 줄이는 시력 훈련에 매진한 결과일지도 모른다고 설명했다. 그리고 마지막에는 이렇게 썼다.

지난번 편지에서 요즘 음악과 뇌에 관한 글을 쓰고 있다고 하셨죠. 박사님 생각을 방해하고 싶지 않아서 이 편지를 쓸까 말까 고민했는데, 저의 작은 개인적 승리를 알리고 싶은 마음을 결국 참지 못했네요.
풍성한 추수감사절 보내시길 바랍니다.

2005년 12월 13일

수에게,

교수님의 흥미진진한 편지(11월 25일 자)에 더 빨리 답장했어야 하는데, 요즘 글 쓰는 데(주로 음악에 관해) 정신이 팔려 있었습니다.

교수님의 자동입체화 보는 실력이 점점 늘고 있다고 생각했는데, 마침내 난이도 높은 초미세 RDS에서 도형을 발견할 수 있게 되었군요—적녹 안경을 뒤집어 쓰는 우연한 실수 덕분에 이 새로운 지각 능력을 확신하게 된 것도 좋은 일이네요. 얼마나 뿌듯하시겠습니까(무척 재미있기도 할 테고요!). 이 성과는 교수님이 아직 남아 있는 수직 부정렬을 성공적으로 줄이고 있다는 증거이기도 합니다.

교수님이 말씀하신 "작은 개인적 승리"를 당연히 글에 반영할 생각입니다. 하지만 이건 작은 승리가 아니라, 입체시의 궁극적 종점이자 최고선(거창하지요!)입니다. 현재 글은 아직 《뉴요커》에 있어요. 언제가 될지는 알 수 없지만(재촉해선 안 됩니다) 적절한 때가 되면 그쪽에서 진행할 겁니다—한번 시작하면 순식간에 진행하지요. 지금까지 한 거라곤(제가 이야기했던가요?) 그쪽 직원을 제게 보내 입체 장비와 오래된 입체그림책, 입체사진을 확인한 것뿐입니다. (《뉴요커》가 처음으로 입체사진 특집호를 낼지도 모른다는 기대감을 품고 있지만, 가능성이 높진 않겠지요.)

정말 다사다난한 한 해였네요! 교수님을 비롯한 모든 분들, 따뜻한 크리스마스와 새해 보내시길 바랍니다.

불길한 연말

올리버의 앞선 편지는 2005년 12월 13일에 쓰였고 14일 자 소인이 찍혀 있었다. 그로부터 사흘 뒤, 그의 오른눈에 커다란 암점과 섬광이 나타났다. 결국 올리버의 시력을 빼앗고 10년 뒤에는 목숨까지 앗아간, 망막에 생긴 종양의 초기 증상이었다. 내 시력이 놀라울 만큼 향상되는 동안 올리버는 반대로 시력을 잃고 있었다.

나는 올리버가 이런 어려움을 겪는 중인지 모르고 2005년 12월 29일에 새해 인사 편지를 보내며 서툴지만 직접 만든 적녹색 소철(올리버가 가장 좋아하는 식물 중 하나다) 입체사진을 동봉했다. 아들의 도움을 받아 단순한 입체사진 컴퓨터 프로그램을 이용해 만든 것이었다(부록의 그림 3).

최근 다녀온 맨해튼 여행에서 굉장한 시각적 경험을 했다고도 이야기했다.

지난주에 조카의 바트미츠바bat mitzvah(유대교 성인식·옮긴이)가 있어서 뉴욕시에 다녀왔어요. 매사추세츠에서 기차를 타고 펜 역까지 간 다음, 지하철로 갈아타서 72번가 브로드웨이에서 내렸지요(교통공사 노동자 파업이 있기 전이었어요). 역에서 한낮의 햇빛 속으로 걸어 올라가는데, 갑작스러운 환희의 순간이 찾아왔어요. 고층 건물들이 완전히 달라 보이는 거예요. 실제보다 더 과장된 것처럼 말이죠. 길 건너편 건물의 둥근 파사드가 저를 향해 불룩 튀어나와 보였어요. 마찬가지로 건물의 직각 모서리 바로 앞에 서 있으면 모서리가 불쑥 다가오는 것 같았고요. 벽돌로 쌓은 파사드는 정말 감탄스러웠어요. 가고일gargoyle 석상 하며 복잡한 디자인 하며, 어찌나 질감이 다양하고 섬세하던지요. 사촌들과 거리를 걸으면서 거대한 고목의 나뭇가지들이 공간 속에 놓인 모양새, 멋진 옛 건물의 섬세한 벽돌 마감을 예찬하고 싶었지만 꾹 참았답니다. 제가 경험한 3차원 세상의 경이로움에 대해 신나게 풀어놓다 보면 가끔 끝이 없을 때가 있거든요.

즐거운 새해 보내시길 바랍니다.

공간감을 담아,

Stereo Sue

올리버는 곧바로 답장을 보내왔다.

2006년 1월 5일

수에게,

아름다운 입체 소철 사진, 고맙고 또 고맙습니다—그래요, '옛날'과 비교하면 이런 사진을 만들기가 너무할 정도로 쉬워 보이긴 하네요(그때는 오래전에 사라진 CARRO라는 방법을 썼는데, 먼저 적색과 녹색의 투명 양화를 만든 다음 유리 슬라이드 위에서 둘을 겹쳐야 했습니다). 아주 멋지게 잘 보여요—컬러 선택이 내가 가진 청색/적색 안경에 딱 맞아요—(청색이 아니라 청록색인 듯해요).

　새로 태어난 스테레오프의 잘 조율된 눈으로 본 맨해튼 묘사도 어찌나 아름답고 생생한지요—

"스테레오프stereope('입체'를 뜻하는 stereo와 '시각'을 뜻하는 ope를 합친 말로, 여기서는 입체시를 가진 존재를 의미한다·옮긴이)"는 앞선 편지의 "테우토빌리아"처럼 올리버가 지어낸 단어인데, 이것이 실제로 존재하는 물고기 이름이라는 사실은 몰랐던 듯하다. 2006년 1월 27일에 쓴 나의 다음번 편지에서 이 점을 알려주긴 했지만, 편지의 내용은 주로 몸을 움직이면서도 세상이 얼마나 잘 보이는지, 입체시와 상대운동이 합쳐져 나뭇가지가 얼마나 극적인 입체감을 갖는지에 대한 것이었다.

∽

나는 2010년에 올리버의 책 《마음의 눈》을 읽고 나서야 이 몇 주 있었던 일들의 시간 순서를 알게 되었다. 소철 입체사진을 동봉한 나의 12월 편지와 새로운 시각적 발견을 묘사한 1월의 편지는 올리버가 안구흑색종을 진단받고 겨우 몇 주 뒤에 도착했다. 그때 올리버는 눈의 종양을 없애기 위한 방사능 치료를 받고 있었다. 그러나 1월 5일 자 편지에서는 이런 힘든 상황을 전혀 언급하지 않았다. 나는 이 편지의 맺음말이 올리버에게 어떤 의미였는지를 그제야 깨달았다. "올해는 참 많은 일이 있었습니다. 2006년은 과연 어떤 해가 될까요?"

2006년 2월 16일, 올리버는 내가 그날 〈스테레오 수〉 교정쇄의 어느 표현에 관해 질문한 이메일에 답장을 보내왔다. 쉼표 하나의 위치가 잘못되어 문장 전체의 의미가 달라져 있었다. 이번에도 올리버는 암에 걸린 사실을 언급하지 않았지만, 전보다 커다란 글씨로 전부 대문자만 사용해서 편지를 타이핑했다.

OLIVER SACKS, M.D.
2 Horatio St. #3G · New York, NY · 10014
Tel: 212.633.8373 · Fax: 212.633.8928
mail@oliversacks.com

2/16/06

Dear Sue,

Many thanks for your e-mail of today — always good to hear from you !

I was bewildered when I saw the (nonsensical) phrase — zeugma, if you will — " optical behaviour " ; I find this comes from a ~~misreading, or perhaps a mis-transmission of the original text, which read~~ --- a slight mishap in our text, allied to the non-TRANSMISSION of a comma --- it should read " .. given the appropiate optical, behavioural or surgical help... ". Whatever was said there can easily be clarified and refined in subsequent drafts/ proofs — and, as Kate indicated to you, there may be many of these ...

I did, subsequently, make some changes to the Oct 6 draft — changes which I have not sent to the New Yorker yet, because I don't want to muddle them, and I need to get THEIR first proof, with its suggestions and emendations, before I add anything new. But I did mention in it that you have now advanced to ' getting ' RDS — the ne plus ultra of stereoscopy. (I also shortened and claified the slightly muddly paragraph about n autostereograms). ~~I will send this along~~ I will probably send this along when I have a proof which can go with it. .. I hope you are well.. and yes, an incredible Spring-like day ! Oliy

2006년 2월 16일

수에게,

오늘 이메일 보내 주셔서 매우 감사드립니다―교수님의 연락은 늘 반갑습니다!

"시각적 행동"이라는 그 (황당한) 표현―말하자면 일종의 액어법zeugma이라고 할까요―을 보고 저도 어처구니가 없었습니다. ~~오독이 있었거나 원래 텍스트가 잘못 전달되어~~ 텍스트에 약간의 실수가 있었고 쉼표가 전달되지 않아 이런 일이 발생한 듯합니다―원래 문장은 "… 적절한 시각적·행동적·외과적 도움을 받으면 …"입니다. 지금 어떻게 쓰여 있든 다음번 원고/교정쇄에서 필시 의미가 더 명확해지도록 다듬을 수 있습니다―케이트가 전달했겠지만 아마 이런 수정 사항이 많을 겁니다…

그도 그럴 것이, 그때 이후로 10월 6일의 원고를 약간 수정했습니다―헷갈리게 하고 싶지 않아서 아직 《뉴요커》에 보내지는 않았습니다. 먼저 그쪽 초교를 받아서 제안과 교정을 확인한 다음 새 수정 사항을 반영하려고요. 어쨌건 교수님이 RDS―입체시의 궁극적 종점―을 '알아보는' 데까지 나아갔다고 확실히 써

두었습니다. (또한 자동입체화에 관한 다소 헷갈리는 문단의 길이를 줄이고 뜻이 더 명확하도록 고쳤습니다.) 이것들이 다 반영된 교정쇄가 나오면 교수님께 보낼 수 있을 겁니다… 잘 지내고 계시기를 바랍니다… 그리고 실로 봄이 온 것 같은 아름다운 날이네요!

그때 나는 올리버의 타자기가 고장 나서 대문자밖에 못 쓰는 것인가 싶었다. 그러나 진짜 이유는 더 불길했다. 올리버가 작은 활자를 점점 못 읽게 되었던 것이다.

2 허레이쇼 스트리트, #3G

2006년 3월 10일, 댄 그리고 사촌들과 브로드웨이 공연을 보려고 맨해튼에 갔다. 그리고 공연 전에 그리니치 빌리지에 있는 올리버의 사무실, 즉 내가 늘 편지를 보내는 바로 그 주소로 찾아갔다. 먼저 건물 안내원이 위층에 내가 도착했다고 알렸고, 엘리베이터를 타고 올리버의 사무실로 올라가자 그날 처음 만난 케이트가 현관에서 나를 반겨 주었다. 그러고 나서 커다란 목소리로 올리버에게 내가 왔다고 소리쳤고, 올리버는 안쪽에 있는 문 뒤에서 매우 수줍어하며 고개를 빼꼼 내밀었다. 이처럼 내 도착을 거듭 알리는 절차가 꼭 필요했을지도 모른다는 사실을, 나는 몇 년 후에야 깨달았다. 올리버는 2010년에 출간한 《마음의 눈》에서 설명했듯 평생 사람 얼굴을 인식하지 못하는 안면 실인증을 앓았던 터라, 우리가 최근 두 번 만났어도 나를 못 알아볼 수 있었다.

올리버와 함께 안으로 들어가서 그는 자기 책상에 앉고 나는 맞은편 소파에 앉았다. 올리버가 1856년에 처음 출간된 데이비드 브루스터 경의 책 《브루스터의 입체경 연구Brewster on the Stereoscope》를 내게 선물로 주었다. 나는 레너드 번스타인의 《대답 없는 질문The Unanswered Question》을 선물했는데, 당시 올리버가 음악에 관한 글을 쓰고 있었기 때문이다. (하지만 편지를 더 주고받은 뒤 올리버가 번스타인을 좋아하지 않는다는 사실을 알게 되었다.) 그때 올리버가 덤덤하게 암에 걸렸다고 말했다. 내 표정이 겁에 질렸었는지, 올리버는 암이 거의 전이되지 않았고 오른눈에 시력이 남아 있어서 아직 입체시로 볼 수 있다고 나를 안심시켰다.

직후에 《뉴요커》의 올리버 담당 편집자인 존 베넷이 도착했다. 내가 곧 나올 《뉴요커》 기사의 핵심 주제였기 때문에 나와 편집자가 만날 수 있도록 올리버와 케이트가 미리 초대해 둔 것 같았다. 베넷의 은근한 텍사스 억양이 놀라웠다. 그가 자신이 키우는 잭 러셀 테리어의 우스운 일화를 들려주었는데, 왜인지 나는 《뉴요커》의 편집자가 은은하게 남부 억양이 섞인 말투를 쓸 거라고는, 또 그렇게 재미있는 사람일 거라고는 생각하지 못했다. 올리버는 최초로 입체경을 개발한 휘트스톤과 브루스터의 경쟁 관계˙, 눈 여덟 개와 입체시가 있는 깡충거미에 대해 이야기했다. 그리고 책상에서 텅스텐 덩어리를 집어 들어(여러 원소와 광물이 그의 책상과 책장 선반을 가득 메우고 있었다) 우리에게 그 무게를 느끼고 소리를 들어 보라고 했다. 그러고 나서 잠깐 부엌으로 사라졌다가 다르질링Darjeeling과 랍상소우총Lapsang souchong이 섞인 향긋한 훈연 차와 함께, 베넷에게 보여 주고 싶었던 한 재능 있는 청년의 편지와 그림을 들고 다시 나타났다.

사무실에서 나오기 직전에 케이트가 고무로 된 갑오징어 장난감을 몇 개 들고 와서 올리버와 함께 내게 선물이니 하나 고르라고 말했다. 내가 망설이자 올리버가 나 대신 골라 주었다. 진지하게 한껏 집중해서 고민하는 그 모습이, 꼭 칠십 대 남성이 아니라 일곱 살 꼬마 같았다.

- 찰스 휘트스톤Charles Wheatstone(1802-1875)과 데이비드 브루스터 David Brewster(1781-1868)는 양안시 분야의 두 선구자였다. 최초로 입체경을 발명한 사람은 휘트스톤이었지만, 더 대중적인 모델을 개발한 사람은 브루스터였다. 두 사람은 과학적으로나 개인적으로나 치열한 경쟁 상대였다.

스테레오 수

마침내 2006년 6월 19일 자 《뉴요커》에 〈스테레오 수〉가 실렸다. 늘 그렇듯 인쇄판은 일주일 앞선 6월 12일 월요일부터 판매되었지만, 서부 매사추세츠에는 보통 발행 다음 날에야 도착하기 때문에 6월 13일에 기사를 확인할 수 있었다(온라인판 발행이 아직 이루어지지 않던 시절이었다). 사우스해들리에 있는 오디세이 책방으로 달려가서 《뉴요커》를 여러 부 샀다. 올리버는 글 중간중간 내가 보낸 첫 번째 편지를 인용했다. 내가 쓴 글이 《뉴요커》에 떡하니 인쇄되어 있다니 도저히 믿을 수 없었다. 두 페이지에 걸쳐 실린 커다란 입체쌍 그림도 마음에 쏙 들었다. 나도 두 이미지를 융합해 깊이감을 느낄 수 있었다.

즉시 올리버에게 편지를 썼다. 3월에 내가 사무실로 찾아갔을 때 올리버가 여전히 입체시로 볼 수 있다고 나를 안심시켰던 터라, 편지지 맨 위에 올리버가 자유 융합할 수 있는 입체쌍 그림•

을 넣었다. 하지만 작은 글씨는 읽기 힘들어한다는 사실을 감안해 글자 크기를 16포인트로 키웠다.

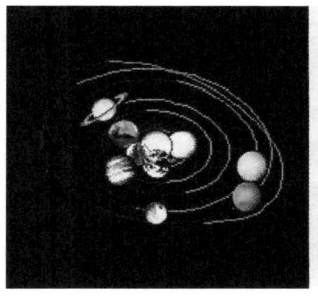 

2006년 6월 19일

올리버에게,

6월 19일 자《뉴요커》를 집어 들고《뉴요커》특유의
멋진 서체로 쓰인 "어느 신경학자의 노트"와 "스테레오
수"라는 문장을 보는 것은 정말 짜릿한 경험이었습니다.
팔은 당연히 안으로 굽는다지만, 글이 아름답고 참 잘
읽혀요. 제 편지를 많이 인용해 주셔서 이루 말할 수
없이 기쁘고요. 사실 마음속 깊은 곳에서는 이 이야기가

- 이 이미지는 발산 융합으로 봐야 한다. 즉, 두 눈을 모으는 것이 아니라 그림 너머에 초점을 맞춰야 한다.

정말로 발표될 거라고 믿지 않았어요. 그렇게 되면 이 모험이 비현실적으로 완벽해지는 것이니까요. 실제로 저의 입체시 모험―놀라운 시력 변화, 박사님과 케이트를 직접 만나 이야기 나눈 일, 《뉴요커》에 기사가 실려 다른 사람을 도울 가능성이 생긴 것―의 모든 순간이 저에겐 마치 한 편의 행복한 동화 같습니다. 누구나 살면서 한 번쯤은 이런 동화를 경험해 봐야 한다고 생각해요.

한편, 《뉴요커》와의 협업이 늘 동화 같지만은 않았습니다. 편집자에게서 확실한 답변을 얻어 내기가 답답할 만큼 어렵다는 사실을 알게 되었지만, 독자로서는 이 잡지에서 다루는 방대한 주제를 늘 즐겁게 읽어 왔어요. 몇 년 전에 《뉴요커》를 더더욱 좋아해야 할 이유가 또 하나 생기기도 했고요.

2002년 여름, 오빠가 댄과 저, 우리 아이들이 있는 우즈홀로 부모님을 모시고 왔습니다. 지난여름에 빌린 바넥로드의 그 낡고 멋진 집을 그때도 빌렸어요. 당시 제 어머니는 17년째 파킨슨병을 앓고 있었고, 몸을 거의 움직일 수 없었습니다. 하지만 병이 어머니의 인격과 지적 능력까지 건드리진 못했죠. 역사학 교수였던 어머니는 박식하고 빈틈없고 기민했지만, 한편으론 매우 상냥하고 관대하며 자상한 분이었습니다. 매주 《뉴요커》를 읽으셨고, 세 자녀를 위해 구독을 늘 갱신하셨습니다.

부모님이 와 계신 어느 날, 친척과 친구들이 우즈홀로 우르르 찾아와서 집 안이 소음과 음식, 떠들썩한 대화 소리로 가득했습니다. 그러다 오후가 되자 다들 일제히 해변으로 떠났고, 갑자기 고요해진 집에 어머니와 저 둘만 남게 되었어요. 그날 어머니 컨디션이 안 좋아서, 저는 같이 햇볕을 쬐려고 부엌 옆에 있는 데크로 어머니를 모시고 나갔습니다. (작년 여름, 박사님도 그 데크로 이어지는 계단 옆에 서서 단안 현미경으로 발밑에 난 이끼를 관찰하셨죠.) 40킬로그램밖에 안 되는 어머니를 의자에 앉히고, 어머니 무릎 위에 작은 개를 올려 드렸습니다. 개의 무게와 온기, 나른한 만족감이 끊임없이 떨리는 어머니의 몸과 운동이상증dyskinesias*을 종종 차분히 가라앉혀 주었거든요.

그리고《뉴요커》최신호를 집어 들고 긴 특집 기사를 펼쳐 어머니께 소리 내어 읽어 드리기 시작했습니다. 그 기사는 사람들의 미묘한 표정 변화를 포착해 그들의 생각과 의도를 알아차리는 비상한 능력을 지닌 남자에 관한 것이었어요.** 어머니는 주의 깊게 들으며 이따금

- 몸이 비자발적으로 불규칙하게 움직이는 증상으로, 파킨슨병 치료에 사용되는 약물인 레보도파를 장기간 복용했을 때 자주 나타난다.
- 이 기사는 2002년 8월 5일 자《뉴요커》에 실린 맬컴 글래드웰Malcolm Gladwell의 〈벌거벗은 얼굴The Naked Face〉이었다.

끼어들어 방금 들은 구절을 평했습니다. 저는 천천히 기사를 읽고 개는 코를 골면서 그날 오후는 그렇게 즐겁게 지나갔습니다. 신기하게도 어머니의 몸에서 서서히 긴장이 풀리면서 운동이상증이 사라졌고, 움직임이 다시 우아하고 자발적으로 변했습니다. 이것이 어머니의 힘들었던 말년에 함께한 가장 행복하고 좋은 기억이고, 그때 이후로 《뉴요커》를 떠올리면 늘 마음이 따뜻해집니다.

마지막으로 제 이야기에 주목해 주셔서, 그 모든 글을 써 주셔서, 박사님과 케이트가 저를 친절하게 맞아 주셔서 얼마나 감사한지 말씀드리고 싶습니다. 이 마음은 글로 이루 다 표현할 수 없지만, 미약하게나마 한번 시도해 보려 합니다.

우리 아이들이 어렸을 때, 댄과 저는 가능한 한 책을 많이 읽어 주려고 했습니다. 우리는 책 읽는 시간을 정말 좋아했어요. 제니에게 처음으로 읽어 준 진짜 '이야기책'은 E. B. 화이트가 쓴 《샬롯의 거미줄》이었습니다. 어린애들이 대부분 그렇듯 제니도 같은 이야기를 몇 번이고 다시 듣고 싶어 해서, 한때 댄과 저는 이 책을 거의 통째로 외우고 있었어요. 이제는 잘 기억나지 않지만, 지금도 마지막 문장은 암송할 수 있습니다. 어디에선가 읽었는데, 화이트는 지혜롭고 재주 많고 용감무쌍한 거미 샬롯뿐만 아니라 자신의 좋은 친구를 가리켜 그 문장을 썼다고 합니다. 동화 속 거미에 자신을 비유하는 것이 싫지 않으시다면, 이 마지막 문장에서 "샬롯"을 "올리버"로 바꿔 읽어 주세요. 그러면 제 마음을 아실 수 있을 거예요.

"누군가가 진정한 친구이면서 뛰어난 작가인 경우는 흔치 않다. 샬롯은 둘 다였다."

사랑을 담아,

Stereo Sue

추신. 첫 장에 있는 입체쌍은 '발산' 수렴으로 융합해야 합니다. 박사님이 이걸 꼭 할 수 있기를, 좌절하시지 않기를 바랍니다. 지난번에 눈 외직근을 절단했다가 다시 봉합한 후로 융합이 더 힘들다고 말씀하셨었죠.

내가 이 편지를 보냈을 때 올리버는 페루 여행 중이었지만, 몇 주 뒤에 손으로 쓴 답장을 보내왔다. 나는 올리버에게 받은 갑오징어 장난감에 보답하고자, 오징어가 촉수를 뻗는 타임랩스 이미지를 스테이플러로 고정해서 만든 플립북을 보냈었다.

OLIVER SACKS, M.D.
2 HORATIO ST. #3G • NEW YORK, NY • 10014
TEL: 212.633.8373 • FAX: 212.633.8928
MAIL@OLIVERSACKS.COM

July 14/06

Dear Sue,

I think I have written about a <u>hundred</u> letters to correspondents since 'SS' came out — and nothing to you — Sorry!

Thank you <u>very</u> much, first, for your charming flipbook of an attacking squid — a lovely idea ... <u>I</u> was very taken by it —

And your few earlier letter (9 June 19) — we had already left for PERU then — this too was so thoughtful, so you, from the stereo pair at the top

OLIVER SACKS, M.D.
2 HORATIO ST. #3G • NEW YORK, NY • 10014
TEL: 212.633.8373 • FAX: 212.633.8928
MAIL@OLIVERSACKS.COM

2)

to the F.B —
white transfer

at the end —

 I was deeply moved too by your description of how your mother's parkinsonism + dyskinesia melted away as she became immersed in what you were reading — the power of engagement (I have just been writing, too much, on the power(s) of music, not least in people with parkinsonism ...).

 We will have to think what to do with scores of other letters — but I wanted to write this little personal letter first — and give my deepest thanks to you.

3)

OLIVER SACKS, M.D.
2 HORATIO ST. #3G • NEW YORK, NY • 10014
TEL: 212.633.8373 • FAX: 212.633.8928
MAIL@OLIVERSACKS.COM

for being 'Stereo-Sue', so eloquent and so generous with my fumbling attempts to understand & describe.

I ~~think~~ we were really collaborators, not "investigator" and "subject" — as it should be.

It was an unprecedented experience for me as well.

Much love,

Ol

2006년 7월 14일

수에게,

〈스테레오 수〉가 발표되고 나서 쏟아진 편지에 답장을 100통은 쓴 것 같은데—교수님께는 한 통도 못 보냈군요—죄송합니다!

먼저 오징어가 공격에 나서는 귀여운 플립북을 선물해 주셔서 정말로 감사드립니다—멋진 아이디어였어요—마음에 쏙 들었습니다.

그리고 요전에 보내신 사려 깊은 편지(6월 19일 자)—그때 우리는 이미 페루에 있었습니다—도 무척 감사했습니다. 맨 처음의 입체쌍부터 마지막 E. B. 화이트의 문장까지, 전부 다요.

어머니께서 교수님이 읽어 드리는 《뉴요커》에 몰두하는 동안 어느새 파킨슨병과 운동이상증이 사라졌다는 이야기는 매우 감동적이었습니다—이것이 바로 몰입의 힘이지요(저는 이번 주에 특히 파킨슨병 환자들에게서 나타나는 음악의 힘에 관해 쓰고 있습니다).

산더미 같은 편지들을 어떻게 해야 할지 조만간 같이 논의해야겠지만—우선 개인적인 편지를 먼저 보내고 싶었습니다—"스테레오 수"가 되어 주셔서, 제가 상황을 이해하고 글로 풀어내려고 어쭙잖게 노력하는 동안 너그러운 태도로 자신의 경험을 생생하게 들려 주셔서 진심으로 감사했습니다.

  우리는 '연구자'와 '연구 대상'이 아닌 좋은 파트너였습니다―정말로요.

  제게도 전례 없는 경험이었습니다.

    사랑을 담아,
    올리버

새로운 시작

〈스테레오 수〉가 발표된 후 올리버와의 우정이 서서히 바랠지도 모른다고 생각했다. 그러나 그건 기우였다. 올리버는 이미 내 삶에서 끊임없이 자극과 영감을 주는 존재가 되어 있었다. 흥미진진한 것을 접하거나 새로운 것을 알게 될 때면 머릿속에서 나도 모르게 올리버에게 편지를 쓰고 있었고, 이런 생각들은 종종 실제 종이 위의 글로 흘러나오곤 했다. 나는 멈추지 못하고 뻔질나게 편지를 보냈고, 올리버는 자신의 생각이나 쓰고 있던 원고의 초안을 담은 답장을 보내 주었다.

게다가 〈스테레오 수〉에 쏟아진 반응은 내가 기대하거나 상상한 이상이었다. 올리버가 내게 안겨 준 새 이름과 정체성을, 나는 17년이 지난 지금도 여전히 지니고 있다. 내 이야기로 사시인 한 명만 도울 수 있어도 충분하다고 생각했다. 그러나 시력 조건이 나와 비슷한 사람들에게 받은 이메일이 지금까지 천 통이 넘는다. 그 당시 나는 이 글이 얼마나 큰 반향을 불러일으킬지 전혀 알지 못했다. 그 영향력을 누구보다 먼저 이해한 사람 중 하나가 바로 미국공영라디오의 한 저널리스트였다.

모닝 에디션

〈스테레오 수〉가 《뉴요커》에 실리기 두 달 전인 4월 27일, 미국공영라디오(NPR)의 과학 전문 기자인 로버트 크럴위치 Robert Krulwich에게 깜짝 이메일을 받았다. "아주 오래전인 《아내를 모자로 착각한 남자》 시절부터" 올리버, 케이트와 친하게 지낸 사이로, 가끔 올리버의 이야기를 라디오 콘텐츠로 만든다고 했다. 그는 올리버가 보여 준 〈스테레오 수〉를 읽고 NPR에 내보내면 좋겠다고 생각했고, 원고 작성을 위해 올리버를 비롯한 이야기의 핵심 인물들을 인터뷰하고 싶어 했다. 그는 내게 물었다. "그전에 먼저 전화를 드리고 싶은데, 괜찮으실까요?"

NPR의 열렬한 청취자였던 나는 NPR 과학 전문 기자의 전화해도 되겠느냐는 질문에 잔뜩 신이 났다. 5월 15일에 맨해튼에 갈 일이 있어서 그때 맨해튼에 있는 NPR 스튜디오에서 인터뷰를 하기로 했다. 그날 아침, 억수같이 쏟아지는 비를 뚫고 스튜디오에 들어섰다. 로버트는 나와 악수를 나눈 뒤 길 건너에 있는 던킨도너츠에서 간단히 뭘 좀 먹자고 했다. 나는 쫄딱 젖은 우산을 보여 주며 바깥에 비가 퍼붓고 있다고 알렸다. 그러나 그는 굴하지 않고 우산도 쓰지 않은 채 길 건너로 달려갔고, 나는 조심스럽게 그 뒤를 따랐다. 로버트는 도넛을 몇 개나 허겁지겁 해치우며 대학 때 사귄 애인 이야기로 나를 즐겁게 해 주었다. 나는 처음에는 긴장해서 도넛을 깨작거렸지만, 로버트가 워낙 친절하고 재미있어서 서서히 긴장을 풀기 시작했다. 아마 애초에 이것이 던킨도너츠 습격의 목적이었을 것이다.

우리는 스튜디오로 돌아와 녹음실에 자리 잡고 앉았다. 로버트가 인터뷰에 앞서 내가 올리버에게 보낸 편지와 자료를 전부 읽고 만반의 준비를 마쳤다는 걸 알고 있었기에, 나는 첫 번째 질문을 듣고 다소 놀랐다.

"아침으로 뭘 드셨나요?"

"베이글이요." 나는 한 단어로 대답했다.

로버트는 베이글하고 또 무엇을 먹었느냐고 물었다. 내 아침 식사에 왜 이렇게 관심이 많지? "베이글만 먹었어요." 내가 다시 완고하게 대답했다. 그러자 로버트는 정말로 내 아침 식사 메뉴를 알고 싶은 게 아니라, 옆방에 있는 사운드 엔지니어가 내 목소리를 들어야 한다고 설명했다. 대다수 사람은 아침에 바빠 다른 일을 하면서 라디오를 듣기 때문에 목소리의 음질이 또렷해야 청취자의 귀에 쏙쏙 들린다는 것이었다.

인터뷰는 약 45분간 진행되었다. 인터뷰가 끝난 뒤에도 우리는 자리에 앉아 한 시간 더 편하게 대화를 나눴다. 나중에 로버트는 올리버와 테레사 루지에로 박사, 데이비드 허블 박사를 각각 따로 인터뷰했는데, 2006년 6월 26일에 '양안시가 되다: 수전의 첫눈'이라는 제목으로 〈모닝 에디션Morning Edition〉에 송출된 8분짜리 방송을 들어 보니 마치 모두가 한자리에 모여 대화를 나눈 것 같았다. 이것이 바로 로버트 크럴위치의 천재적 재능이었다.

저자가 되다

"배리 교수님께, NPR에서 방송한 입체시 사연의 주인공이 맞으신가요?"

〈모닝 에디션〉 방송이 나간 뒤 내가 받은 수많은 이메일은 보통 이렇게 시작되었다. 이메일 주소를 공개하기 전이었는데도 사람들은 어떻게든 나를 찾아냈다. 거의 모든 이메일이 시력과 관련한 도움이 필요한 사람들에게서 온 것이었다. 올리버에게 편지를 보낸 사람들도 있었다. 방송이 나가고 5일이 지났을 때 케이트가 나와 로버트 크럴위치, 존 베넷에게 다음과 같은 이메일을 보냈다.

와, 입체시를 다룬 《뉴요커》와 NPR 기사에 엄청난 반응이 쏟아지고 있어요. 지금 산처럼 쌓인 이메일과 실물 편지를

다 확인하는 중인데, 그중 필요한 것은 수와 테레사 R. 박사에게 보낼게요.

기사에 지적 흥미를 느낀 수많은 사람은 물론이고, 개인적으로 영향받은 사람도 수천 명은 되는 것 같아요. 물론 조용히 숨어 있는 입체광들도 빼놓을 수 없고요.

그 많은 이메일과 편지 덕택에 직접 책을 써야겠다는 마음을 먹을 수 있었다. 올리버는 편지에서 "내 책들도 대부분 동료나 친구에게 보낸 편지에서 시작되었어요"라고 말했고, 나 역시 올리버에게 보내는 편지를 정확히 이런 방식으로 사용하고 있었다. 편지를 쓰면서 문제를 정리하고 아이디어에 살을 붙였고, 결국 그중 상당수를 책에 실었다. 올리버는 나와 비슷한 다른 사람들과 이야기를 나눠 보라고 권했다. 나는 실제로 그렇게 했고, 그 내용을 전부 편지로 전했다. 올리버는 친절하게 답장하며 "매우 상세한" 편지에 고마움을 전하는 한편, 자신이 요즘 작업하고 있는 여덟 번째 책 《뮤지코필리아》에 대해서도 간략하게 들려주었다. 우리를 감동시키고 치유하고 때로는 정신을 쏙 빼놓는 음악의 힘을 탐구하는 방대한 책이었다.

～

자료 조사 중에 올리버가 〈스테레오 수〉를 쓸 때 자문을 구했던 과학자 시모조 신스케[•]를 만났다. 그리고 2006년 12월 29일 자 편지에 이날의 만남에 대해 썼다.

하버드스퀘어에서 시모조 신스케 박사와 멋진 점심 식사를 했습니다. 베트남 식당에 가서 내내 입체시 이야기를 했어요. (시모조 박사가 식사를 시작하자마자 제게 젓가락 대신 포크를 써도 된다고 말했답니다.) 시모조 박사는 〈스테레오 수〉 원고를 처음 읽었을 때는 전적으로 믿기 어려웠는데, 저와 대화를 나눠 보니 제 사례의 타당성을 납득하게 되었다고 했습니다. 그 밖에 제가 감동한 또 다른 말이 있었는데요. 시모조 박사는 율레스의 무작위 점 입체화를 보고 나서 지각 능력을 연구해야겠다고 마음먹었답니다. 하지만 막상 과학자로 자리 잡고 대형 연구소와 글을 쓸 수 있는 충분한 연구비까지 생기고 나니 연구의 마법 같은 매력을 잃어버렸었다고 해요. 그런데 박사님이 보낸 〈스테레오 수〉 초고를 읽고서 자신이 애초에 왜 지각 연구를 하기로 마음먹었는지 다시 떠올릴 수 있었다네요.

- 시모조 신스케Shinsuke Shimojo는 캘리포니아공과대학 실험심리학과의 거트루드 볼티모어 기금 교수로, 인간의 지각과 인식, 행동을 연구한다.

올리버는 2007년 1월 6일에 쓴 답장에서 언제나처럼 나를 격려했다.

신스케 박사와 점심을 같이했다니 저도 기쁩니다―그가 교수님에게 젓가락을 내려놓고 포크를 쓰라고 권했다는 부분을 읽고 웃음이 빵 터졌습니다. 나와 처음 만났을 때도 박사는 율레스를 아주 존경한다는 식으로 말했는데, 그에게서 연구의 마법이 사라졌다는 느낌은 받지 못했습니다. 글쎄요, 어쩌면 조금은 사라졌을 수도 있겠지요―어쩌면 어느 한 문제에 집중할 때는 사라졌다가, 문제가 해결되어 모든 것을 더 넓은/깊은 관점으로 볼 수 있게 되었을 때 되돌아오는 것은 아닐까요. 어쨌건 교수님에게는 입체시의 마법이 전혀 사라지지 않은 것이 분명하군요―그러니 (교수님의 모든 편지에서 그렇듯) 이 마법이 교수님 책 전체에 열정을 불어넣을 겁니다.

올리버는 어떤 질병이나 장애를 이해하려면 과학과 심리학, 역사, 철학을 폭넓게 아우르며 접근해야 한다는 사실을 자신의 책을 통해 내게 알려 주었다. 물론 사시에 관해서도 마찬가지였다. 두 눈이 정렬되지 않은 사람들은 심각한 인지적 문제에 직면한다. 두 눈이 각자 다른 지점을 향하고 있기에 뇌에 서로 연관성 없는 정보가 입력된다. 이렇게 상충하는 정보에서 어떻게 하나의 세계상을 끌어낼 수 있을까? 모든 사시인은 저마다 적응과 보상을 적절히 이용해 이 문제를 해결한다. 그러니 사시를 이해하려면 양안시에 관한 과학적 연구 결과뿐만 아니라, 사시인들이 문제에 대처하거나 시력을 회복하는 다양한 방법까지 조사해야 했다.

올리버가 우리 집을 찾아왔듯이 나도 여러 안과의를 찾아가 의사 및 환자들과 대화를 나누었다.* 그리고 1940년대와 1950년대의 잘 알려지지 않은 학술지인 《주간 검안학The Optometric Weekly》에서 사시에 관한 탁월한 글을 발견했다. 검안사 프레더릭 W. 브록이 이 잡지의 연재 기사에서 사시인을 위한 시력 훈련 프로그램을 소개한 것이다. 나는 브록과 그의 작업에 마음을 완전히 빼앗겼고, 2006년 12월 29일에 올리버에게 편지를 보내 이 모든 내용을 설명했다.

• 루지에로 박사 외에 내가 직접 찾아가서 자문을 구한 안과의로는 켄 치우프레다, 데이비드 쿡, 네이선 플랙스, 아미엘 프랑케, 레이 고틀립, 이스라엘 그린월드, 칼 그루닝, 폴 해리스, 칼 힐리어, 캐럴라인 허스트, 한스 레스만, 데니스 레비, 로빈 루이스, 브렌다 몬테칼보, 레너드 프레스, 로버트 새닛, 캐시 스턴, 존 스트레프, 셀윈 슈퍼, 배리 태넌, 낸시 토거슨이 있다. 또한 미셸 딜츠, 다이애나 러들럼, 엘런 미들턴, 린다 새닛, 로리 사도프스키를 비롯한 여러 시각 치료사와의 대화에서도 도움을 받았다.

하지만 박사님께 가장 하고 싶었던 말은 프레더릭 W. 브록이라는 비교적 잘 알려지지 않은 검안사에 관해서입니다. 1년 반 전에 제가 브록 스트링을 보낸 적이 있지요. 구슬 여러 개가 줄을 타고 움직이도록 설계된 이 도구는 단순하지만 강력합니다. 사용자는 이 도구를 이용해 두 눈의 초점을 같은 지점에 고정하는 법을 배우게 됩니다. 자신이 지금 두 눈을 사용하고 있고 두 눈이 같은 곳을 가리키고 있는지 어떻게 알까요? 훈련이 제대로 될 때는 초점을 맞춘 구슬을 중심으로 끈이 X자로 교차되는 것처럼 보입니다. 저는 꼬박 1년에 걸쳐서 1.5미터 길이의 끈에 구슬 세 개가 달린 브록 스트링을 마스터했고, 이것이 저에겐 가장 효과적인 방법이었습니다.

   브록 스트링은 브록 박사가 사시인의 양안시를 개선하기 위해 개발한 수많은 방법 중 하나입니다. 브록 박사가 개발한 도구들은 간단명료하고 효과적이며, 전부 박사 본인이 직접 개발했습니다.

…

그래서 저는 프레더릭 브록이라는 인물이 궁금해졌습니다. 브록 박사는 왜 사시에 관심이 생겼을까요? 온화하고 점잖은 사람이었을까요? 그가 1972년에 세상을 떠났으니 이제 직접 만날 수는 없습니다. 하지만 차선책이 있지요. 저는 맨해튼 42번가에 있는 뉴욕주립대 검안대학을 찾아가 브록 박사의 제자이자 훗날 박사와 병원을 공동 개업한 이스라엘 그린월드 박사를 만났습니다. 그린월드 박사에게 브록은 사시 분야의 천재인 것 같다고 말했더니, "맞아요, 게다가 누구보다 인품이 훌륭한 분이었죠"라고 답하더군요. 그린월드 박사는 몇 시간 동안 제게 브록이 개발한 여러 치료법을 보여 주고 브록이 쓴 글과 논문 목록을 건네주었습니다. 다음 날 저는 뉴욕주립대 도서관에서 그 논문들을 열심히 복사했고요.

…

집으로 돌아오는 기차에서 사시 치료법에 관한 논문 한 편을 읽고 있었습니다… 여기서 브록이 쓴 이 문장을 보고 제가 얼마나 놀랐을지 상상해 보세요.

"다시 한번 강조하지만, 사시 환자가 실제로 입체시를 경험하기 전에는 그 어떤 행동과 말로도 환자에게 양안시의 실제 감각을 명확히 설명할 수 없다. 그러므로 환자는 반드시 자신이 2차원 그림을 보고 있다고 믿어야 하며, 화들짝 놀라면서 이 그림에 입체적 특징이 있음을 발견하는 일은 환자의 몫이어야 한다. 우리는 이런 식으로, 오로지 이런 식으로만, 환자가 실제로 입체시를 습득했다고 확신할 수 있다. 일단 이 새로운 감각을 경험하면, 환자는 양안시가 확실히 자리 잡을 때까지 이 능력을 몇 번이고 다시 쓰고 싶어 할 것이다."

아니, 너무 익숙하게 들리지 않나요! 제 경험, 그리고 제가 인터뷰한 과거 입체맹이었던 사람들의 경험과 정확히 일치하는 설명이었습니다.

…

브록 박사는 여러 방식으로 환자들의 지각 능력을 테스트하며 지금 무엇이 보이느냐고 물었습니다. 이렇게 관찰하고 함께 논의하면서 치료법과 도구를 개발했고요. 그는 환자들의 겉모습을 관찰하는 데 만족하지 않았습니다. 《화성의 인류학자》에도 언급된 체스터턴의 브라운 신부˙처럼, 브록은 환자들의 머릿속에 들어가고 싶어 했어요.

박사님의 책 《나는 침대에서 내 다리를 주웠다》는 몽테뉴의 말을 인용하며 시작하지요. "… 진정한 의사가 되려면, 자신이 치료하고자 하는 질병을 전부 경험해 봐야 한다 …" 하지만 환자들이 사시가 있고 입체시가 약한 안과의를 좋아하지는 않을 겁니다. 그러니 대다수 사시인은 이런 증상을 전혀 경험해 보지 않은 의사에게

- G. K. 체스터턴Chesterton은 브라운 신부라는 가상의 로마가톨릭 신부를 주인공으로 53편의 단편소설을 썼다. 브라운 신부는 인간 본성에 대한 깊은 이해를 바탕으로 수많은 범죄 사건을 해결한다.

치료받는 것이지요. 브록 박사의 경우는 어땠을까요? 그의 통찰력은 어디서 나온 걸까요? 이쯤이면 이미 그 답을 파악하셨을지도 모르겠습니다. 브록 박사는 과거에 간헐성 외사시˙가 있는 사시인이었습니다. 브록이 치료한 첫 번째 환자는 바로 자기 자신이었어요.

올리버의 답장은 언제나처럼 형용사와 괄호로 가득한 생동감 있는 문체였지만, 2007년 1월 6일에 쓰인 이 편지에는 그의 시력에 관한 불안한 소식도 담겨 있었다.

지적인 에너지와 열정이 타오르는 멋진 편지(12/29) 고맙습니다. 브록의 이야기는 아주 중요하고, 시대를 앞서간 것처럼 보이는군요―사실상 거의 알려지지 않은 듯하고요. 교수님의 작업은 브록의 발견(그리고 브록 본인)을 발굴하고 되살려 내는 중요한 역할을 하게 될 겁니다. 언젠가 따로 에세이를 한 편 써도 좋겠고, 교수님 책의 한 챕터를 할애할 수도 있겠고요. 말씀하신 걸 보니 거의 다 쓰신 것이나 다름없네요!
  (저도 두 달 전에 제 책을 '거의 다' 썼습니다―하지만

• 한쪽 눈이 바깥으로 돌아가는 형태의 사시 증상이다.

그 뒤로 수백 군데를 추가했고, 몇몇 챕터를 크게 수정했지요—괜히 손댄 건 아니고, 책이 더 좋아졌으면 해서 그랬습니다.)

교수님은 '의사/과학자는 무엇을 직접 경험해야 하는가'라는 아주 중요한 질문을 제기해 주셨습니다… 곧 출간될 제 음악 책의 강점—어떤 의미에서는 한계이기도 하지만—은, 주로 환청을 듣는 사람, 실음악증amusia이 있는 사람, 공감각을 경험하는 사람들의 증언으로 이루어져 있다는 겁니다. 이들은 직접 경험을 통해 이런 상태가 어떤 것인지 잘 알면서—동시에 어느 정도는 객관적으로 자기 상태를 바라볼 수 있습니다. 만약 환청(또는 다른 증상)이 있는 사람이 전문 과학자나 의사, 연구자라면—그건 무적의 조합일 겁니다. 물론 교수님이 바로 그런 사례지요. 여러 시각적 장애와 혼선을 겪고 있는 저도 마찬가지고요. (저는 요즘 뒤틀린 세상을 살아가고 있습니다. 이러한 꼬임과 틀어짐을 왼눈이 완전히 교정하지 못해서, 점점 오른눈을 감거나 왜곡되고 손상된 오른쪽 시력을 (어떻게든) '억압'하고 있고, 결과적으로 탈구심성 환각에 취약해지고 있습니다—이 모든 경험을 아주 흥미로워하며 꼼꼼하게 기록하고는 있지만, 한편으론 내게 이런 일이 일어나지 않았으면 더 좋았겠다고 생각합니다.)
…

지금 가장 중요한 사실은 제가 열심히, 꾸준히, 의욕적으로, 또 생산적으로 일하고 있다는 것입니다. 지쳐서 나가떨어질 정도지요. 17일쯤부터 며칠간 (수영하면서) 휴식을 취할 예정입니다. 교수님의 연구가 더욱 흥미진진하게 확장된 것을 다시 한번 축하하며, 모두 새해 복 많이 받으세요.

올리버는 내가 얻은 입체시를 잃어 갈 뿐만 아니라 시각적으로 왜곡된 세상에서 살고 있었다. 뭔가 해야 할 것 같았다. 우리 둘 다 회복의 힘을 굳게 믿었기에, 몇 달 뒤 나는 한쪽 눈으로 세상을 헤쳐 나가는 능력을 향상시킬 수 있는 훈련 도구를 커다란 상자에 한가득 담아서 보냈다. 올리버는 방대한 분량의 《뮤지코필리아》를 쓰느라 바쁜 와중에도 내 성의에 감사를 표했다. 나는 그때, 그리고 훗날에도 여러 번, 어떤 장애물이 앞을 가로막든 묵묵히 자기 할 일을 해 나가는 올리버의 능력에 크게 감탄했다. "지금 가장 중요한 사실은." 그는 이렇게 말했다. "제가 열심히, 꾸준히, 의욕적으로, 또 생산적으로 일하고 있다는 것입니다."

2007년 내내, 나는 책 집필을 위한 자료 조사가 어떻게 진행되고 있는지 올리버에게 알렸다. 7월 9일에는 이렇게 썼다.

전에 프레더릭 브록이라는 검안사의 작업과 저술에 깊이 감명받았다고 말씀드렸었지요. 브록은 《유기체The Organism》를 쓴 골드슈타인Kurt Goldstein이라는 내과의에게 크게 영향받았습니다. 처음 듣는 이름이고 책 제목도 고루해 보였지만, 그래도 찾아서 읽어 보기로 했어요. 우리 대학 도서관에서 두 가지 판본을 소장하고 있어서 책은 어렵지 않게 구할 수 있었습니다. 그런데 선반에서 1995년판을 꺼내 펼쳐 보니 박사님이 서문을 쓰신 게 아니겠어요? 서문에서 이렇게 말씀하셨더군요. "쿠르트 골드슈타인은 신경학과 정신의학의 역사에서 가장 중요하고 가장 모순적이며, 현재 가장 많이 잊힌 인물 중 하나다."

브록은 사시인이 정상 시력인처럼 볼 수 있게 돕는 유일한 방법은, 환자의 역량 범위 내에 있지만 반드시 두 눈을 써야만 완수할 수 있는 과제를 주는 것이라고 믿었습니다. 이걸 들으니 《아내를 모자로 착각한 남자》의 '매들린의 손' 챕터에 나오는 매들린 J.의 이야기가 생각났어요. 박사님은 매들린이 자기 손을 사용할 수 있도록 부드럽게 유도하셨죠. 자신에게 없다고 믿었던 능력을 새로 발견한 매들린의 이야기가 무척 감동적이었습니다.

이 기나긴 편지 끝에, 나는 망설이다 결국 부탁 하나를 꺼내며 글을 마무리했다.

이어서 드리고 싶은 질문이 하나 있습니다. 제 책의 서문을 써 주실 수 있을까요?

나는 초조하게 올리버의 대답을 기다렸고, 2007년 8월 25일에 답장이 도착했다. 올리버의 크고 엉성한 손으로 직접 쓴 편지였다.

- 이 글에서 올리버는 앞을 보지 못하고 뇌성마비가 있는 매들린 J.라는 중년 여성의 사례를 소개했다. 매들린은 지적 능력이 뛰어났지만 평생 일거수일투족을 도움받았기에 두 손을 사용하는 법을 배우지 못했다. 그래서 자기 손을 쓸모없는 "진흙 덩어리"로 여겼다. 올리버는 매들린의 두 손 감각이 정상임을 파악한 뒤, 담당 간호사에게 매들린이 손을 뻗어 움켜쥘 수 있도록 베이글을 살짝 멀리 놔 달라고 말했다. 매들린은 손으로 베이글을 붙들었고, 그러면서 베이글뿐만 아니라 자기 손의 존재를 발견했다. 촉각을 통해 세상을 탐험하기 시작한 매들린은 점토를 달라고 부탁해 조소를 시작하면서 누구도 예상하지 못한 예술적 재능을 드러냈다. 올리버는 이렇게 썼다. "보통 생후 수개월 내에 습득하는 기본적인 지각 능력을 제때 습득하지 못한 사람이 60세의 나이에 그 능력을 습득할 수 있을 거라고 누가 상상이나 했겠는가?"

OLIVER SACKS, M.D.
2 HORATIO ST. #3G · NEW YORK, NY · 10014
TEL: 212.633.8373 · FAX: 212.633.8928
MAIL@OLIVERSACKS.COM

8/25/07

Dear Sue,

Belated thanks (I have been away) for your super-letter (of the 9th). My typewriter is broken, my handwriting slow (and, I am told, "difficult") so a short, preliminary reply.

교수님의 엄청난 편지(9일 자)에 뒤늦은 감사를 전합니다(그간 여행 중이었습니다). 타자기가 고장 난 데다 손 글씨가 느려서(또한 알아보기 "어렵다고"들 해서) 짧은 <u>사전</u> 답장을 보냅니다.

올리버는 앞서 보낸 나의 긴 편지에 다시 제대로 답장하겠다고 말했고—"아이디어가 마구 샘솟고 계시는군요!"—이어서 이렇게 덧붙였다. "우선 짧게 말씀드리자면, 교수님 책의 서문을 쓰게 되어 저도 기쁩니다. 조만간 편지하겠습니다."

2008년 10월 5일, 올리버에게 나의 책《3차원의 기적》초고를 보냈다. 그러나 그 직후에 내가 끔찍한 실수를 저질렀음을 깨달았다. 이때 원고는 베이직북스 출판사에 있는 내 편집자의 손을 거친 상태였는데, 편집자는 꼼꼼하고 훌륭하게 원고를 검토해 주었다. (몇 군데 예외를 제외하면) 내 이야기를 시간 순서로 배치하라고 권했고, 반복되는 내용을 뺐으며, 내게 "독자를 질책하지 말라"고 당부했다. 그러나 우리의 의견이 크게 충돌하는 지점이 하나 있었다. 내 이야기에서 올리버가 얼마나 큰 역할을 담당했는지 설명한 부분을 편집자가 지운 것이다. 나는 다시 넣었고, 편집자는 다시 들어냈다. 편집자는 올리버의 목소리가 내 목소리를 압도할 거라고 우려했고, 어차피 올리버의 서문과 내 감사의 말을 읽으면 독자도 올리버가 얼마나 크게 기여했는지 알게 될 거라고 판단했다. 그래서 내가 올리버에게 보낸 초고에는 그의 공헌을 언급한 부분이 빠져 있었다. 올리버는 내게 보낸 답장에서 이 점을 따로 언급하지 않았는데, 여기서 다시 한번 그의 너그러운 성품이 드러났다.

2008년 10월 13일 월요일

수에게,

모든 면에서 참으로 깔끔한 교수님의 글—그리고 멋진 5일 자 편지를 잘 받았습니다.

   앉은 자리에서 책을 다 읽었습니다—이야기의 흐름이 흥미진진한 데다, 설명과 논의, 사람들의 경험이 물 흐르듯 자연스럽고 매끈하게 이어져서 읽기가 아주 편했습니다. 책을 읽으면서 여러 생각이 떠올랐습니다—무엇보다, 입체시 말고 또 어떤 것들이 영향을 받았을까 하는 점이었습니다(시야가 어른거린다거나, 시각적 연속성이 부족하다거나, 초점 유지가 힘들다거나, 주변을 인지하는 능력이 떨어진다든가 등등). 이를테면, 운전은 얼마나 힘들었을지—또는 얼마나 복잡했을지 말이지요. 우리가 만났을 때는 이런 '다른' 어려움들을 크게 강조하지 않으셨습니다(저 또한 〈스테레오 수〉에서 그리 강조하지 않았고요). 어쩌면 이런 전체적인 그림은 오로지 현재 시점에서 과거를 곰곰이 돌이켜볼 때 드러나는 것인지도 모릅니다. 분명 '적응'은 하셨을 겁니다—적응해야 할 것들이 상당히 많으셨겠지요. 말씀하신 대로, 적응에는 인지적인 것과 그

밖의 여러 '대가'가 따랐을 테고요.

　교수님 책의 미주와 참고문헌―전체 텍스트의 거의 절반을 차지하는군요!―이 참으로 놀랍습니다. 거의 별책 부록 수준입니다(각주를 사랑하는 사람으로서 아주 마음에 듭니다). 학계에 속한 독자들이 필요한 자료를 전부 찾아볼 수 있겠어요―물론 교수님 책이 탁월한 여러 이유 중 하나는, 학계에 있는 독자와 더불어 '일반' 독자―특히 시력 문제를 겪는 독자―를 대상으로 한다는 것입니다.

　개별 내용을 넘어서, 신경가소성이라는 주제가 교수님 책 전체를 관통합니다. 댄의 사례로 이 개념을 설명하신 부분이 마음에 듭니다(다만 1장에서 설명하신 생각의 흐름은 조금 헷갈립니다. 교수님은 세상을 보는 방식과 시각피질에 있는 회로를 바꿀 수 있을지 궁금해하다가(19, 21쪽), 마지막에 2001년의 자신은 성인이 되어 입체시를 획득하는 것이 불가능하리라 생각했을 거라고 끝을 맺습니다).• 교수님이 입체시를 습득했고, 교수님과 비슷한 문제를 겪는 수많은 사람이 변화를 기대할 수 있다는 사실이 이 책의 핵심에 있는 '희소식'이며, 이 희소식을 가능케 한 것이 바로 가소성입니다.

　그러나 교수님은 행동검안사가 제안하고 지도한

•　이 부분은 최종 편집본에서 의미를 더 명확하게 다듬었다.

영리하고 구체적인 단계별 훈련법의 중요성도 똑같이 강조하셨습니다―교수님이 책에서 설명하신 훈련법은 제가 처음 생각한 것보다 훨씬 복잡하고 수개월이나 소요되더군요(아니었나요?). (그나저나 브록에 관한 부분이 무척 흥미로웠습니다. 정말 많은 것을 예견하고 실행한 사람처럼 보이네요.) 구체적인 훈련법과 더불어 (결코 덜 중요하지 않은!) 주체/환자/내담자(어떤 단어를 써야 할지 모르겠네요)가 들여야 할 시간과 정성, 노력, 인내, 결단력, 끈기, 지력도 강조하셨고요. (테레사 루지에로는 교수님의 시력/사시 문제는 흔한 편이지만, 반드시 변하겠다는 교수님의 의지와 인내심 등등은 결코 흔하지 않다고 늘 말했습니다.)

적응이 얼마나 '자동적'으로 이루어지는지, 얼마나 많은 훈련과 수양, 끈기, 개인적 노력과 창의성이 필요한지―교수님은 댄의 사례를 빌어 이 점을 잘 설명하셨습니다―1996년 우주선 발사 기념 행사에서 처음 만났을 때도 나왔던 이야기이지요.

저는 교수님이 상당히 중요하고 아주 명쾌하며 (그리고 똑같이 중요한 점인데!) 매우 <u>균형 잡힌</u> 책을 쓰셨다고 생각합니다.

책을 다 읽자마자 메모를 하고 서문 개요를 작성했습니다만―더 꼼꼼하게 다시 읽어 봐야겠습니다―이 책의 특수한 중요성―그리고 탁월함을 한번 잘 설명해 보겠습니다.

다시 연락합시다—

나는 올리버에게 초안을 잘못 보낸 것이 너무 속상해서 책을 극찬하는 편지에도 기뻐할 수 없었다. 다행히도 올리버가 며칠 뒤 전화를 걸어 와서, 나와 편집자 사이에 어떤 이야기가 오갔는지, 편집자가 왜 책에서 올리버를 언급한 부분을 뺐는지 설명할 기회가 생겼다. 올리버는 자기 이야기가 없어서 의아하긴 했지만 편집자의 우려를 이해할 수 있다고 했다. 하지만 며칠 전 내가 이메일로 편집자에게 열변을 토했고, 편집자가 자기 의견은 제안이지 최종 판단이 아니라고 말했기 때문에, 올리버에게 이미 그의 이야기를 다시 책에 넣어 놨다고 말할 수 있었다.

그런데 올리버가 전화한 이유는 그게 아니었다. 그는 우리의 첫 대화와 편지에서 내가 사시로 인한 어려움을 대수롭지 않게 여긴다고 느꼈다. 올리버의 말을 듣고 나는 생각에 잠겼다. 대체로 사람들은 자신이 겪는 문제의 원인을 얼마만큼 어린 시절의 장애 탓으로 돌릴 수 있을까? 해당 장애를 경험해 보지 않은 의사나 다른 사람들의 조언과 의견을 어떻게 판단하고 받아들여야 할까? 나는 다음 편지에서 올리버의 질문에 답해 보려 애썼다.

2008년 10월 19일

올리버에게,

제 책을 읽고 서문 초안을 써 주셔서 감사드립니다. 지난 주에 통화할 수 있어서 무척 즐거웠고, 그 뒤로 박사님이 하신 질문을 계속 고민해 봤습니다.

학교 생활과 운전, 그 밖의 다른 활동에서 겪은 어려움을 왜 처음에 언급하지 않았느냐고 물으셨죠. 저는 왜 박사님을 속였을까요? (박사님은 이렇게 말씀하지 않았지만 이것이 제가 스스로에게 던진 질문이었습니다.) 전화 통화에서는 제가 처한 상황을 과장하고 싶지 않았다고 말씀드렸습니다. 저는 글 읽기를 상당히 힘들어하긴 했지만 결국 좋은 학생이 되었습니다. 제가 어렸을 때는 여자아이들이 구기 종목을 잘할 필요도, 잘할 것으로 기대되지도 않았기 때문에 제 움직임이 굼뜬 것은 그저 여자여서라고 생각했습니다. 운전이 무서운 이유가 시력 때문일까 궁금한 적도 있었지만, 대체로 빠른 속도를 싫어하고 성격이 조심스럽고 겁이 많은 것이 더 큰 이유라고 여겼습니다. 즉, 제가 저의 어려움을 축소한 가장 큰 이유는, 그런 어려움들을 꼭 제 시력 문제와 결부하지 않았기 때문입니다.

예전 편지에서 다른 사시인들을 찾아 보라고 권하셨을 때 저는 '지지 집단'이 필요하진 않다고, 굳이 사시가 있는 사람들과 만나 시간을 보내고 싶진 않다고 생각했습니다. 하지만 박사님이 〈스테레오 수〉를 발표하고 로버트 크럴위치가 〈모닝 에디션〉에서 제 이야기를 방송한 뒤로 생각이 바뀌었습니다. 그때 이후로 사시인과 약시인에게 정확히 333통의 이메일을 받았습니다.* 제게 연락하는 사람들은 대부분 입체시로 세상을 보는 마법 같은 경험을 원하는 게 아니라, 일상생활이 좀 더 편해지고 세상을 덜 힘들게 볼 수 있는 방법을 찾고 싶어 합니다. 이들의 담당의는 하나같이 아무 문제 없다고, 시력이 충분하고도 남는다고 말했습니다. 저도 같은 말을 들었고요. 파사넬라 박사는 제가 비행기 조종만 빼면 무엇이든 할 수 있다고 말했지요.

제게 연락한 사람들의 담당의와 파사넬라 박사는 아마 우리를 격려하고 안심시키려고 그랬겠지만, 한편으로 이 의사들은 자기 환자들이 어떤 경험을 하고 있는지 전혀 몰랐을 수도 있습니다. 저는 수많은 이메일을 읽으면서 사시인으로 사는 것이 크나큰 비극까지는 아니더라도 실제로 여러 어려움을 초래한다는 것을

* 많은 사시인과 약시인이 입체시가 좋지 않거나 입체맹이다.

깨달았고, 저의 경험을 재평가하며 책을 써야겠다고 생각했습니다. 그리고 사시에 대해 조사하기 시작하면서 테레사 루지에로 박사가 제게 했던 말을 서서히 이해하게 되었습니다. 루지에로 박사는 제가 두 눈으로 보지 못하고 주변시가 나빠서 자신과 사물이 공간 속 어디에 위치하는지를 잘 파악하지 못한다고 말했었죠.

그러나 이 편지에서도 나는 마냥 솔직하지 못했다. 올리버의 표현을 살짝 바꿔서 말하자면, 우리는 어린 시절을 빠져나오지만 결코 그 시절에서 완전히 벗어나지는 못한다.** 어렸을 때 나는 내가 실패자라고 생각했다. 눈이 사시였고, 그 탓에 글 읽기와 자전거 타기, 운전이 힘들었기 때문이다. 나는 그 모든 경험을 다시 떠올리고 싶지 않았다. 올리버에게 하소연하고 싶지도 않았다. 어쨌거나 그는 《깨어남》에 나온 것처럼 수십 년간 신체와 정신이 마비된 환자들을 돌본 사람이니까. 사시가 내 평생에 걸쳐 부정적인 영향을 미쳤을지라도 그들에 비하면 내가 겪은 어려움은 사소해 보였다.

《3차원의 기적》을 쓰면서 마침내 어린 시절에 겪은 어려움을 되돌아보았다. 초고에서 학교 다닐 때 힘들었던 일들을 넌지시

** 올리버 색스, 〈화학의 시인, 험프리 데이비〉. 먼저 《뉴욕리뷰오브북스》(1993년 11월 4일 자)에 실렸다가 나중에 축약된 형태로 《모든 것은 그 자리에》에 재수록되었다.

언급하자, 편집자는 이 주제를 더 확장해 보라고 했다. 한 문단을 추가했지만 편집자는 만족하지 않았다. 결국 나는 전부 다 털어놓았다. 책이 인쇄에 들어가자, 사람들이 내가 과장했다고 생각하지는 않을까 걱정스러웠다. 그러나 예상과 달리 다른 사시인들에게서 자기 이야기인 줄 알았다는 이메일이 쏟아졌다.

《3차원의 기적》은 2009년 5월에 출간되었다. 이 책은 아마존닷컴 에디터가 선정한 2009년 최고의 과학책 10권에 이름을 올렸고, 여덟 개 언어로 번역되었다. 나는 미국과 캐나다, 브라질, 유럽에서 강연을 하기도 했다. 그러나 무엇보다 중요한 점은 이 책을 통해 사시와 양안시 기능 장애가 있는 사람들에게 정보와 도움을 줄 수 있었다는 사실이다. 이 책을 쓴 것은 내 인생에서 가장 잘한 일 중 하나였다. 자료를 조사하며 테레사 루지에로 박사와 행동 및 발달 검안사 공동체*, 수많은 과학자에게 아낌없는 도움과 조언을 받았다. 그러나 올리버의 지지와 격려가 없었다면 아마 이 책은 세상에 나올 수 없었을 것이다.

- 행동 및 발달 검안사들이 설립한 두 단체로, 시각발달검안사학회 College of Optometrists in Vision Development, COVD(covd.org)였다가 2024년에 단체명이 바뀐 검안시력발달재활협회 Optometric Vision Development and Rehabilitation Association, OVDRA와 검안학전문교육재단 Optometric Extensions Program Foundation, OEPF(oepf.org)이 있다.

2부

감각과
우정

단어의 빛깔

올리버와 나는 입체시 외에도 여러 다양한 주제를 논했고 자연에 관한 이야기를 자주 나누었다. 그러나 2006년 3월 10일에 그리니치 빌리지에 있는 올리버의 사무실을 처음 찾았을 때 우리의 대화 주제는 음악과 공감각으로 흘러갔다. 나는 그에게 공감각이 무엇인지 안다고, 내게도 공감각이 있다고 말했다. 올리버는 흥미를 보였다. 더 자세히 말해도 될까? 편지를 쓰는 게 더 좋으려나? 아닌 게 아니라 편지가 나을 것 같았다. 올리버가 잘 듣지 못했기 때문이다. 보청기를 끊임없이 만지작거리며, 짧은 대화 사이에도 꼈다가 뺐다가 다시 끼기를 반복했다. 올리버는 유머 감각이 좋고 즐거운 대화 상대였지만 내 말을 확실하게 전달하고 싶다면 글로 쓰는 편이 더 나았다. 게다가 천천히 편지를 쓰면 내가 무엇을 말하고 싶은지 더 깊이 고민해 볼 수 있었다. 그래서 5일 뒤 나는 이렇게 편지를 썼다.

2006년 3월 15일

올리버에게,

지난 주 금요일에 아파트에 초대해 주신 덕분에 멋진 시간을 보냈습니다. 케이트와 존 베넷을 만날 수 있어서 무척 기뻤고요. 휘트스톤과 브루스터의 이야기를 듣고, 텅스텐의 무게와 소리를 느끼고, 깡충거미에게 눈이 엄청 많이 달려 있다는 사실을 알게 되어 즐거웠습니다. (방금 알게 된 사실인데, 양서류인 제노푸스 라에비스Xenopus laevis는 올챙이 때는 눈이 양 옆에 달려 있지만, 변태하면서 눈이 앞으로 이동해서 양안시가 생긴다고 합니다. 뇌의 배선이 어떻게 변하는지 궁금하네요.)

편지로 제 공감각을 설명해 달라고 하셨지요. 다음 주에 휴가를 갈 예정이어서 그 전에 편지를 쓰는 것이 좋을 것 같았습니다. 공감각은 어렸을 때부터 쭉 있었던 것 같지만 그 사실을 깨달은 것은 대략 8년 전입니다. 그때 저는 신경생물학과 학생들과 연구실에서 긴 오후를 보내며 다 같이 대화를 나누고 있었는데, 어쩌다 보니 자기 아이에게 어떤 이름을 지어 주고 싶은지로 이야기가 흘러갔습니다. 저는 당연히 이름의 빛깔이 중요하다고 말했어요. 그랬더니 한 학생이 크게 관심을 보이면서 다른 것들에서도 색을 연상하냐고 묻더군요. 저는 글자와 숫자, 단어, 사람 이름 같은 고유명사, 월과 요일의 이름에서 색을 연상한다고 대답했습니다. 그 학생은 라마찬드란 박사˙의 연구실에서 일하고 있었는데, 제게 공감각이 있다고, 라마찬드란 교수가 그 현상을 연구했다고 하는 겁니다. 저는 의심하면서 그냥 색채 연상이 좀 강한 것뿐이라고 말했습니다. 그 학생은 공감각이 정말 존재한다고, 자기가 증명해 보이겠다고 했습니다.

다음 날 그 학생이 단어와 글자, 숫자 목록을 적은 클립보드를 들고 제 방에 찾아왔습니다. 그리고 자기가 목록에 적힌 내용을 소리 내어 읽을 때 어떤 색상이 보이는지 말해 달라고 했어요. 제가 '보는' 것을 자세히 설명하고 있자니 약간 바보가 된 느낌이었습니다. 알파벳 'C'는 연분홍빛이 감도는 순백색이었고, 알파벳 'N'은 색과 결이 참나무 원목 바닥과 똑같은 아름다운 황갈색이었습니다. 한편 알파벳 'H'는 진녹색이었는데, 이 축축한 글자에서는 어느 집 지하실의 습한 콘크리트 세면대에 쌓인 냉하고 눅눅한 곰팡이가 떠올랐어요.

- V. S. 라마찬드란은 샌디에이고 캘리포니아대학의 저명한 심리학 교수다. 공감각을 비롯해 인간의 뇌를 다각도로 연구해 왔으며 《라마찬드란 박사의 두뇌 실험실》《명령하는 뇌, 착각하는 뇌》《인간 의식으로의 짧은 여행A Brief Tour of Human Consciousness》 등 여러 대중 과학서를 썼다.

저는 그 학생에게 단어는 보통 첫 글자와 같은 색상을 띤다고 말했습니다. 예를 들면 'S'는 초록색이고, '공감각synesthesia'이라는 단어는 초록색으로 시작해서 서서히 노란빛이 도는 주황색과 뒤섞이는데, 장음 E가 노란빛 도는 주황색이기 때문입니다. 숫자 3은 새순과 같은 색이고, 13은 색과 맛이 익힌 시금치와 똑같습니다. 저는 시금치를 정말 좋아해서 숫자 13도 좋아합니다. 그 학생은 다른 학생 다섯 명에게도 똑같이 질문한 뒤 대답을 꼼꼼하게 기록했어요. 그리고 2주 뒤에 다시 클립보드를 들고 찾아왔습니다. 저는 전체 항목에서 대답이 지난번과 완벽하게 일치했던 반면, 다른 학생들은 대답이 중구난방이었어요.

2년 전에 오빠가 고등학교 때 영어 선생님 이야기를 하다가, 자기가 수업 시간에 글자에서 색을 보는 남자에 관한 이야기를 쓴 적이 있다고 말했습니다. 알고 보니 오빠도 글자에서 색이 보인다고 하더군요. 보이는 색은 저와 달랐지만요. 오빠와 저는 어렸을 때 관심 분야가 크게 달랐습니다. 저는 자연사에 관심이 많아서 돌과 나무, 들꽃 관찰을 좋아했고, 오빠는 프랑스 혁명 탐구에 열중했지요. 그러나 어른이 된 뒤 우리 남매의 관심사가 만나게 되었습니다. 각자 음악 이론과 숫자 이론에 빠져든 것인데, 우리는 이 주제들을 생각할 때 둘 다 시각 이미지를 사용합니다. 오빠의 아홉 살 난 딸도 공감각이 있습니다. 저는 창의력이 뛰어나고 유쾌한 이 아이와 공감각 이야기를 즐겨 나누지요. 만날 때마다 이런저런 글자와 단어, 숫자에서 어떤 색이 보이는지 이야기하곤 합니다.

  음악을 들으면 언제나 눈앞에 이미지가 떠오르지만, 특정 조성이나 음성에서 특정 색상이 보이지는 않습니다. 단3도는 늘 청록색이라고 말할 수 있으면 좋겠지만 음정을 그렇게 정확하게 분간하지는 못해요. 제 음악적 능력은 그리 대단치 않습니다. 음악을 들으면 작은 원이나 수직 막대가 보이는데, 이 이미지들은 음이 높아질수록 더 밝아지거나 하얘지거나 은빛을 띠고, 낮은 음으로 내려갈수록 진하고 멋진 고동색이 됩니다. 상향 스케일을 들으면 점이나 수직 막대가 점점 밝아지면서 연이어 위로 떠오르고, 모차르트 피아노 소나타 같은 곡에서 트릴이 나오면 빛이 깜박거립니다. 바이올린의 또렷한 고음에서는 선명하고 환한 선들이 나타나고, 비브라토를 넣은 음들은 희미하게 일렁이는 듯 보입니다. 여러 현악기가 함께 연주하는 곡에서는 가로 막대들이 서로 겹치기도 하고, 선율에 따라서 다채로운 빛의 소용돌이들이 다 함께 일렁이기도 합니다. 관악기 소리에서는 선풍기 같은 이미지가 나타납니다. 고음은 제 몸 앞의 약간 위쪽, 그러니까 대략 머리 높이의 오른쪽

부근에 있고, 저음은 제 복부 중심 깊은 곳에 있습니다. 화음은 제 몸 전체를 감쌉니다. 이 이야기를 전부 쓰고 있자니 역시나 바보가 된 기분이네요. 터무니없잖아요! 하지만 실제로 제가 음악을 들을 때 늘 경험하는 것들입니다.

제가 보는 이런 공감각적 이미지에는 입체감이 없습니다. 제 시력이 변한 뒤에도 이 이미지들은 달라지지 않았고, 여전히 제 의지와 무관하게 저절로 나타납니다.

저는 이런 공감각을 가치 있게 여겨야겠다는 생각을 전혀 해 보지 않았습니다. 번스타인은 《대답 없는 질문》 187쪽에서 독자에게 "공감각이라는 짐"은 전부 내려놓고 그냥 음악을 감상하라고 권합니다. 하지만 제가 과연 그럴 수 있을지 잘 모르겠습니다. 그리고 솔직히 말하면, 이 이미지들을 없애고 싶지 않습니다. 학교 다닐 때는 날짜에 빛깔이 있어서 역사 시간에 날짜를 암기하기가 더 쉬웠습니다. 하지만 제 여동생은 제 할아버지처럼 공감각이 없는데도 긴 숫자들을 탁월하게 암기합니다. 머릿속에 숫자 목록이 그냥 보인다네요. 그러니 공감각이 시각 기억에 도움이 되긴 하지만 필수 조건은 아닌 듯합니다. 공감각은 그저 제 안에 존재합니다. 시각적 심상과 음악 감상을 더 풍성하게 해 주죠. 저는 이 능력을 어지간히 좋아하는 것 같아요.

곧이어 나는 입체시에 대해 더 이야기하다가 "모든 감각을 담아"라는 끝인사로 편지를 마무리했다. 올리버는 《뮤지코필리아》 초고를 완성한 뒤, 2006년 11월 16일에 음악적 공감각에 관한 챕터를 내게 보내 주며 이렇게 말했다.

교수님에게도 공감각이 있다니 정말 신기했습니다. 그리고 챕터 마지막 부분에 교수님의 말을 인용했는데, 부디 정확하게 했기를 바랍니다. 해당 챕터를 첨부합니다. 교수님의 경험에 관한 부분은 얼마든지 수정하거나 바로잡을 (또는 덧붙일) 수 있습니다—(《스테레오 수》를 통해) 교수님이 묘사와 논리 등에 감이 좋다는 사실을 알게 되었기 때문에, 글 전반에 대해 의견 주시면 감사히 받겠습니다.

나는 올리버가 자신의 책에 내 공감각 경험을 추가한 것에 아무 불만이 없었지만 내 본명은 사용하지 말아 달라고 부탁했다. 사람들이 나를 미쳤다고 생각할까 봐 걱정스러웠다. 그러나 잘 찾아보면 《뮤지코필리아》의 한 챕터인 〈청명한 녹색을 띤 조성: 공감각과 음악〉에서 올리버가 나의 음악적 공감각을 묘사한 부분을 발견할 수 있다.

간주곡 I

2007년 1월 21일, 케이트에게서 올리버의 음악 책을 출판사에 넘길 때가 거의 다 됐다는 이메일을 받았다. "원고를 보내 드릴 테니 한번 읽어 보시겠어요?" 음악을 향한 올리버의 사랑과 열정은 나도 익히 아는 바였다. 그는 어린 시절을 회고한 《엉클 텅스텐》에서 자신이 얼마나 음악적인 가정 환경에서 자랐는지 설명했고, 《깨어남》에서는 음악이 가진 치유의 힘을 강조했다. 올리버의 아버지 것이었던 아름다운 벡스타인 피아노는 이제 올리버의 거실을 빛내고 있었고, 올리버가 즐겨 연주하는 곡의 (확대 복사한) 악보가 그 위를 뒤덮고 있었다.

2007년 2월 9일

올리버에게,

케이트가 새 책 원고를 보내 주었어요. 놀랍게도 원고는 사이버 공간 위를 날아서 케이트의 컴퓨터에서 제 컴퓨터로 순간 이동했답니다. 종이로 인쇄해서 읽었는데 정말로 재미있었어요.

...

음악성은 보통 집안 내력이라고 말씀하셨는데, 박사님의 책을 읽으면 왜 어떤 사람들은 음악에 유독 민감하거나 음악적 재능이 뛰어난지 궁금해집니다. 저는 앤디를 임신한 뒤 출산 5개월 전부터 작은 실험을 시작했습니다. 매일 밤 배 속 아기에게 바흐의 〈두 대의 바이올린을 위한 협주곡 D단조〉를 들려준 것이지요. 어렸을 때 오빠와 아버지가 함께 연주하던 것이라서, 제가 무척 좋아하는 곡입니다. 신생아였을 때 앤디는 이 협주곡을 알아듣는 것 같았어요. 이 곡을 들으면 더 활기차게 움직였고, 다른 음악을 들을 때보다 더 신이 났거든요. 하지만 앤디가 어린이가 될 때까지 계속 이 곡을 들려주지는 않았습니다. 사실 앤디는 슈만의 〈행복한 농부〉를 훨씬 좋아했어요. 아이가 잘 시간이 되면 제가 피아노로 이 곡을 치면서 이제 이 닦을 시간이라고 알려주곤 했지요.

　이제 열아홉 살이 된 앤디에게 최근 바흐의 협주곡을 들려주며 혹시 특별한 느낌이 들지 않느냐고 물었습니다. 앤디는 고개를 들고 이렇게 말했어요. "아니, 별로요. 엄마가 듣는 다른 곡들이랑 비슷한데요." 아아, 안타깝게도 앤디는 음악에 별 관심이 없습니다(그 대신 다른 재능이 있어요). 오히려 제니가 음악을 훨씬 더 좋아하고 플루트도 자주 연주합니다. 태아였을 때 매일 밤 성실하게 좋은 음악에 노출시키지 않았는데도 말이죠!

　음악이 기억력을 강화해 준다는 대화를 나누면서, 나는 올리버에게 내 수업을 듣는 어느 학생의 이야기를 들려주었다. 그 학생은 내 강의를 녹음한 뒤 그 테이프를 들으면서 공부했고, 강의 내용에 멜로디를 붙여서 말 그대로 내게 줄줄 읊어 줄 수 있었다. 올리버는 흥미로워하면서 《뮤지코필리아》에 이 이야기를 실었다.

　올리버가 설명한 음악의 치유력은 매우 감동적이었지만 당시에는 과장일 수도 있다고 생각했다. 그러나 4년 뒤 나는 음악 치료의 효과를 직접 목격했고, 그 경험을 전부 올리버에게 전했다.

2011년 8월 9일

올리버에게,

행복한 소식이 있어요.

연세가 여든아홉이신 제 아버지는 저희 집에서 5킬로미터 떨어진 요양원에서 생활하십니다. 신체 건강은 괜찮지만 우울증이 심해서 침대 밖으로 나오려는 의지가 전혀 없으세요. 하지만 직원분들 덕분에 슬프고 속상한 마음을 조금이나마 달랠 수 있습니다. 그분들은 제 아버지와 다른 어르신들을 한없는 존중과 연민의 자세로 대하거든요. 저는 일주일에 세 번 아버지를 찾아가는데, 시설에 들어설 때마다 친절함의 고치에 파묻히는 것 같아요. 가끔은 이분들이야말로 세상에서 가장 존중받아 마땅한 분들이라는 생각이 듭니다.

하지만 이런 직원들도 제 아버지를 바꿔 놓지는 못합니다. 제가 찾아가면 아버지는 보통 태아처럼 몸을 웅크리고 침대에 누워 계세요. 아버지의 왼눈은 코 쪽으로 쏠려 있습니다. 저는 아버지를 일으켜 앉히고 안경을 씌워 드려요. 대화를 시작하면 아버지의 두 눈은 똑바로 정렬됩니다. 아버지는 제가 챙겨 간 화집을 보거나 제 이야기를 귀 기울여 듣거나 제 농담에 웃으시거나 합니다.

하지만 이렇게 관심을 보이는 시간은 길지 않습니다. 제가 보청기를 드렸을 때는 크게 화를 내셨어요. 마치 "나를 세상으로 끌어낼 생각은 추호도 하지 마라"라고 말하는 것처럼요. 저는 보청기를 다시 가지고 돌아오면서 아버지를 그냥 내버려 두는 게 옳을지 고민했습니다. 하지만 그렇다 해도 아버지에게 잠시나마 즐거운 시간이 있으면 좋을 것 같았어요.

제 어린 시절 내내 아버지는 매일 밤 바이올린을 연주하셨습니다. 여동생과 제가 좀처럼 잠을 이루지 못하면, 아버지가 우리 자매의 방으로 들어와서 바이올린 연주로 우리를 재워 주셨죠. 어머니의 살아생전 마지막 10년 동안에도 아버지는 매일 밤 어머니를 위해 바이올린을 켜셨고, 그 소리 덕분에 어머니는 몸의 떨림이 가라앉고 스르르 잠에 빠져드셨습니다. 그러니까 아버지는 우리 가족의 음악치료사였던 셈이죠. 이제 제가 아버지를 위해 음악치료사를 찾아보면 좋을 것 같았습니다.

저는 검색 끝에 러스티를 고용했습니다. 러스티는 커다란 강아지를 떠올리게 하는 40대 남성입니다. 첫 시간에 러스티는 아버지의 방으로 불쑥 들어오더니 기타를 연주하며 노래를 부르기 시작했어요. 저도 따라 불렀고요. 아버지는 등을 대고 침대에 누운 채 꼼짝도

하지 않았습니다. 아버지가 유일하게 눈을 뜬 순간은 러스티에게 잘 가라고 인사할 때였어요.

"걱정 마세요." 러스티는 제 슬픈 얼굴을 보고 이렇게 말했습니다. "저한테 마음을 열기까지 시간이 좀 걸리실 수도 있어요." 하지만 친절한 얼굴에 부드럽고 깊은 테너톤 목소리를 가진 러스티에게 어떻게 즉시 마음을 열지 않을 수 있을까요?

변화는 두 번째 시간에 찾아왔습니다. "어떤 노래를 부르면 좋을까요?" 러스티가 이렇게 묻자, 제가 피트 시거의 곡을 추천했습니다. 어렸을 때 부모님이 우리 남매를 데리고 종종 피터 시거 콘서트에 가곤 하셨거든요. 하지만 이 노래들은 아버지에게 아무 영향도 미치지 못했어요. 아버지는 포크송을 좋아하긴 하지만 가장 좋아하는 장르는 실내악입니다. 그래서 제가 슈베르트의 5중주곡 〈송어〉의 선율을 흥얼거리기 시작했고, 러스티가 즉석에서 기타 반주를 해 주었어요. 아버지가 감고 있던 두 눈을 떴습니다. 그때 러스티가 당김음을 넣어 〈환희의 송가〉를 연주했고, 아버지는 음악에 맞춰 박수를 치셨습니다.

회차가 거듭될수록 아버지는 점점 더 적극적으로 변하셨어요. 다섯 번째 치료가 있던 날, 아버지의 방에 들어가서 곧 러스티가 온다고 말했더니 아버지는 스스로 몸을 일으켜 앉고 방을 더 환하게 밝혀 달라고 부탁하셨습니다. 그날 러스티가 아버지에게 작은 심볼즈를 건넸고, 아버지는 음악의 박자에 맞춰 심벌즈를 치셨어요.

 여섯 번째 치료가 있던 지난주 금요일, 어르신 몇 분이 아버지 방을 빼꼼 들여다보시는 게 아니겠어요? "들어오세요! 어서요!" 러스티와 저는 이렇게 소리쳤고, 직원분들이 서둘러 의자를 준비해 주었어요. 이내 아버지의 방에 여섯 분이 더 들어오셨고, 다 함께 노래하며 손뼉을 쳤습니다. 우리는 2차대전 시기의 노래를 불렀는데, 그중에는 무려 〈바이 미어 비스트 두 셴Bei Mir Bist Du Schoen〉도 있었어요. 할머니 두 분이 자리에서 일어나 서로의 손을 잡고 춤을 추셨답니다(그렇게 서로 붙잡지 않았더라면 아마 넘어지셨을 거예요). 할머니 한 분이 제 눈길을 끌더니 눈짓으로 아버지를 가리켰습니다. 그리고 이렇게 말씀하셨어요. "아버지 웃으시네."

 박사님 책을 읽지 않았더라면 음악 치료의 존재를 알지 못했을 거예요. 이제 저도 그 힘을 알았어요. 러스티는 매주 금요일 오후에 찾아옵니다. 늘 기대하는 시간이에요.

 사랑을 담아,

Stereo Sue

요양원 입소자들이 음악 치료를 너무 좋아해서, 우리는 아버지 방이 아닌 공용 공간으로 자리를 옮겼다. 나와 러스티, 시설 직원들은 어르신들의 변화에 연신 놀랐다. 2011년 10월 21일, 나는 올리버에게 다시 소식을 전했다.

예전에는 이곳 어르신들이 제게 개별적인 존재로 보이지 않았어요. 하지만 요즘 다 같이 노래할 때면 그분들의 개성이 전면에 드러납니다. 지난주에는 한 노령의 할머니께서 (전에 첼로 연주자이자 평화 운동가로 활동하셨다고 해요) 〈노조원 아가씨〉의 가사를 아는 사람이 있느냐고 물으셨어요. 제가 안다고 대답했고, 우리는 서로 화음을 넣으며 함께 그 곡을 불렀답니다.

당시 올리버는 출간 예정작인 《환각》을 쓰느라 정신없이 바빴는데, 2주 뒤 짬을 내어 내게 짧은 답장을 보냈다.

Fascinated (and moved) by your
account of reporents the music otterally —
the patients individuating before
your eyes.

교수님이 묘사한 음악 치료의 효과—교수님의 눈앞에서 환자들이 <u>개별적 존재</u>로 살아난 것—에 크게 감탄하고 또 감동받았습니다.

행동,
지각,
인지

내가 《뮤지코필리아》 원고를 읽은 직후, 올리버의 음악 이야기와 나의 시각 연구가 한 지점에서 만나기 시작했다. 그다음 해 우리는 감각과 행동, 기억이 세상을 이해하고 파악하는 방식에 어떤 영향을 미치는지 논의했다.

올리버가 자신의 책에서 소개했듯 우리가 주변 사물을 인식하는 방식은 저마다 다양하다. 《아내를 모자로 착각한 남자》에 등장하는 P 박사에게는 시각실인증이 있었다. 그는 색깔이나 형태와 같은 사물의 구체적 특징은 인식하면서도 그 특징을 통합해서 사물을 하나의 전체로 파악하지는 못했다. 눈으로는 장갑을 알아보지 못했지만 장갑을 손에 끼는 행위를 통해서는 그것이 장갑임을 파악할 수 있었다. 올리버가 《뮤지코필리아》에서 소개한 레이철 Y.는 뇌를 다친 뒤 절대음감을 잃었지만 노래를 부르면서는 음정을 파악할 수 있었다. 나는 P 박사가 장갑을 인식하고 레이첼 Y.가 음정을 파악하는 것을 지각의 한 종류로 볼 수 있는지 궁금했다. 그리고 많은 사람이 일상적인 음악 경험에서 P 박사 및 레이첼 Y.와 유사한 어려움을 겪을 거라고 생각했다. 그래서 2007년 2월 22일에 케이트와 올리버에게 다음과 같이 이메일을 보냈다.

얼마 전에 시력에 관한 책을 읽다가 음악에 관해 또 다른 생각을 해 봤습니다. 여러 증거에 따르면 우리에게는 본질적으로 두 가지 시각 체계가 있습니다. 하나는 지각을 위한 것이고, 하나는 행동을 위한 것이죠. 이 두 시각 체계는 뇌 속에서 서로 다른 신경 경로를 거치는 것으로 보입니다. 구데일과 밀너*는 저서 《보이지 않는 이들의 시각Sight Unseen》에서 두 신경 경로 중 지각 경로에 손상을 입은 환자 디에 대해 설명합니다. 디는 눈으로 커피잔을 보지 못하며, 그것을 커피잔으로 인식하거나 명명하지도 못합니다. 그러나 손을 뻗어 커피잔을 집어 드는 데는 아무 문제가 없습니다. 손가락을 이용해서 잔의 손잡이를

* 멜빈 A. 구데일Melvyn A. Goodale과 A. 데이비드 밀너A. David Milner는 영향력 있는 신경과학자다. 이들의 연구 결과에 따르면 우리의 시각 체계에는 두 가지 경로가 있는데, 각각 지각(사물을 식별하고 인식하는 것)과 행동(사물을 조작하는 것)에 사용된다.

제대로 붙잡을 수 있지요. 그러니 뇌 속 어딘가에서는 커피잔을 인식하고 있는 겁니다. P 박사도 이와 비슷한 것은 아닐까요? 장갑을 인식하지는 못했을지라도, 박사님이 장갑을 껴 보라고 요청하면 낄 수 있었을 테니까요. 만약 그렇다면 P 박사의 뇌 속 어딘가에서는, 최소한 행동 경로에서는 장갑이 장갑임을 알았던 겁니다.

저는 많은 이들의 음악 경험도 마찬가지라고 생각합니다. 보통 사람에게 '생일 축하 노래'를 불러 달라고 하면 다들 잘 부릅니다. 시작음을 정해 주면 대다수가 그 음에서부터 시작해 노래를 이어 갈 수 있습니다. 그러니 뇌 속 어딘가에서는 음정과 음정들 간의 관계를 아는 것이지요. 그러나 평범한 사람에게, 특히 음악 교육이나 청음 훈련을 받지 못한 사람에게 음을 받아적으라고 하면, 시작점을 준다 해도 아마 그러지 못할 겁니다. 음을 기호로 표현하기가 어려울 테니까요. (저도 이 부분을 힘들어합니다.) 그러므로 행동과 지각 사이, 즉 음정을 노래할 수 있는 능력과 음정 및 그 관계를 인식하고 이름 붙일 수 있는 능력 사이에는 간극이 있는 것으로 보입니다.

올리버가 소개한 로런스 웩슬러는 정확한 음정으로 노래를 흥얼거릴 수 있지만, 어떤 음이 더 높거나 낮은지는 말하지 못하죠. 레이첼 Y.는 뇌를 다친 이후에도 음정을 기억하긴 하지만, 그건 자신이 음정을 노래하는 감각을 기억하고 있기 때문이라고 말하고요. 레이철 Y.는 지각 능력이 아닌 행동, 또는 과거에 행동했던 기억에 의존해서 음정을 인식하는 겁니다. 저는 레이철 Y.가 나오는 문단을 읽으면서 책 여백에 "꼭 디 같아!"라고 적었습니다. 구데일과 밀너의 책에 등장하는 디도 비슷한 방식으로 문제를 해결했거든요. 디는 먼저 행동을 취하는 방식으로 커피잔 같은 사물을 인식합니다. 지각 경로가 손상되었으니 행동을 통해야만 사물을 인식할 수 있는 것이죠.

올리버는 이 글을 읽고 신이 나서 바로 그날 내게 손 편지를 썼다. 내 편지가 그랬듯, 올리버 역시 내게 말을 건네는 동시에 자기 자신을 위해 생각의 흐름을 따라가며 새로운 아이디어를 던지는 듯 보였다.

오늘 아침, 신기하게도 (다른 맥락에서—맹시blindsight에 대해 생각하다가) '디'의 사례를 인용했습니다(실제로 디는 P 박사의 사례와 관련이 있을지도 모릅니다—과연 P 박사는 사물을 지각하지 못하면서도 행동은 취할 수 있었지요—장갑뿐만 아니라 옷을 걸칠 때도 그랬습니다). 그간

저는 이 사안을 의식적/무의식적, 명시적/암시적, (길버트 라일Gilbert Ryle이 자주 쓰던 표현인데) "내용 지식knowing what"과 "과정 지식knowing how"이라는 더 일반적인 용어로 설명해 왔습니다. '사실'과 '행동'으로 구분할 수도 있고요. 클라이브*는 자신이 바흐를 안다는 사실을 모르지만, 악보를 주고 시작음을 알려 주면 바흐의 푸가를 연주하기 시작하지요. 그는 자신이 무엇을 아는지 몰라요. 그의 앎은 '서술적 지식', 또는 '내용 지식'이 아닙니다. 그래서 그 지식을 (그 어떤 목적으로도) 사용하지 못해요… 저는 (이야기가 좀 튀는데) 앞을 보지 못했던 존 헐**도 마찬가지였다고 생각합니다. 존 헐은 시력을 잃고 몇 년이 지나자 시각적 심상까지 사라져서 숫자 3을 떠올리지도, 3이 어떻게 생겼는지 말하지도 못했지요—하지만 허공에 즉시 '3'을 쓸 수는 있었습니다. 도대체 어떻게 그럴 수 있는 걸까요?

---

* 올리버가 《뮤지코필리아》에서 소개한, 심각한 기억상실증에 걸린 음악가다.
** 존 M. 헐John M. Hull(1935-2015)은 영국 버밍엄대학의 종교교육학 교수로, 감동적인 회고록 《바위를 만지다: 실명의 경험Touching the Rock: An Experience of Blindness》을 썼다.

몇 줄 뒤에 올리버는 내 이야기의 요점으로 돌아와 내용을 명확하게 정리했다. 커피잔을 집어 드는 행동을 통해 커피잔을 인식하는 것, 또는 노래하는 행동을 통해 음정을 인식하는 것은 컵이나 음정을 곧바로 지각하는 것과 다르다.

교수님이 하신 이야기의 요점은 행동을 통해 지각(지각의 느낌)을 되찾을 수 있느냐는 것입니다. 그러나 저는 실제로 그런 일이 가능한지 잘 모르겠습니다. P 박사가 "세상에, 이거 장갑이잖아!"라고 말한다 해도, 장갑을 지각하는 능력은 여전히 없을 수 있습니다. 그 물건이 장갑이라는 '지식'은 있겠지만, 그건 장갑을 장갑으로 지각해서라기보다는 자기 행동을 통해 추론한 결과이지요. 클라이브의 바흐 사례도 비슷합니다… 이 모든 사례가 행동/자동증automatism/무의식/암묵성과, 지각/선택/의식/명시성의 차이를 역설합니다—구데일과 밀너의 강점은 자기 환자들의 사례를 들어 이 두 가지 방식이 뚜렷하게 다르며 서로 분리되어 고유한 해부학적 경로를 가질 수 있다는 사실을 잘 보여 주었다는 것입니다.

서로 다른 두 종류의 지식을 비교한 이 편지를 읽으니, 올리버에게서 받은 첫 번째 편지와 〈스테레오 수〉에서 언급된 또 하나의 이분법이 떠올랐다. 바로 (버트런드 러셀이 말한) '기술적 지식'(사실)과 '직접적 지식'(경험)의 차이였다. 이 차이 때문에 내가 아무리 입체시의 메커니즘(기술적 지식)을 이해했어도, 결코 최초의 입체시 경험(직접적 지식)만 못했던 것이다. 이렇게 생각이 이어지면서 《뉴요커》에서 읽은 기사가 떠올랐고, 2007년 3월 27일 자 편지로 올리버에게 이 이야기를 전했다.

약 1년 전에 《뉴요커》에서 역행성 기억상실이 온 더그 브루스라는 남자에 관한 기사(2006년 2월 27일 자, 27~28페이지)를 읽었어요. 더그의 기억상실은 과거의 기억이 하나도 없고 자신이 누구인지도 모른다는 점에서 클라이브의 기억상실과 달랐습니다. 하지만 새로운 기억은 쌓을 수 있었지요… 더그 브루스의 기사는 낙관적인 분위기였는데, 더그가 "태어나서 처음" 하는 경험들이 무척 즐겁다고 말했기 때문입니다. 예를 들면 더그는 이렇게 이야기합니다. "사고 이후 다시 어린아이—또는 제가 상상하는 어린아이—가 된 기분입니다. 새로운 경험에 감탄하면서도 분석적으로 사고할 수 있어요. … 처음 눈송이를 만졌을 때는 손 안에 크리스털을 쥔 듯한 느낌과 동시에 분자 구조를 이해할 수 있었어요. … 성인으로서 마치 십 대처럼 처음

사랑에 빠지는 경험을 할 수 있는 것은 큰 특권이라고 생각합니다."

저는 브루스의 이 이야기가 너무 좋아서 기사를 오려 몇 달 동안 코트 주머니에 넣고 다녔답니다. (다행스럽게도) 저는 더그 브루스 같은 비극적인 사고를 겪지 않았지만, 입체시 같은 것을 분석적으로 이해하는 동시에 처음 입체시로 세상을 볼 때 어린아이처럼 감탄한다는 것이 무엇인지 조금은 알고 있습니다. (박사님이 〈스테레오 수〉에서 이 점을 설명한 부분을 참 좋아합니다.) 신기하게도 더그 브루스와 저의 강렬한 첫 경험은 둘 다 눈에 관한 것이었네요.

그로부터 1년 뒤, 나는 멕시코 유카탄에서 휴가를 보내며 지럿 버메이Geerat Vermeij의 회고록 《축복받은 손Privileged Hands》을 읽다가 굉장히 흥분했다. 감각이 상실되어 세상을 다르게 경험하는 사람들을 통해 우리가 세상을 이해하는 방식을 더 깊이 파악할 수 있음을, 올리버에게서 배워 알고 있던 터였다. 앞을 보지 못하는데도 우리가 진화를 이해하는 데 크게 기여하고 연체동물의 진화사를 정립한 버메이에게 나는 완전히 마음을 빼앗겼다. 그리고 2008년 2월 9일, 버메이와 그의 회고록에 관해 올리버에게 이렇게 편지를 썼다.

저는 맹인이 기하학이나 3차원을 잘 이해하지 못할 거라고 생각했는데, 그건 사실이 아니었습니다. 버메이가 설명하는 점자 그리고 점자판과 점필의 사용 방식은 정말 놀라웠어요. 그는 테이프를 이용해서 책을 듣는 것은 수동적인 경험인 데 반해, 점자로 책을 읽는 것은 능동적인 경험이라고 말합니다. 점필로 종이에 점을 찍어서 점자를 쓰고 난 뒤 그 내용을 읽으려면 종이를 뒤집어야 합니다. 그러니 모든 글자를 거울 이미지처럼 반전된 형태로 써야 하지요! 버메이는 이 과정이 금세 제2의 천성이 된다고 말합니다. 그가 연체동물의 껍데기를 손으로 만지고 뒤집어 보면서 기하학적 구조를 파악할 수 있었던 것은 당연한 일이었습니다.

과연 올리버는 지럿 버메이를 잘 알았고, 2008년 2월 19일에 쓴 답장에서 '촉감'을 통해 파악한 위상수학으로 구를 뒤집을 수 있음을 증명했던 한 맹인 기하학자에 버메이를 빗댔다. 또한 올리버는 점자 읽기가 오디오북 듣기보다 더 능동적인 활동이라는 버메이의 주장에 깊이 감명받았다.

오디오북 듣기 vs 점자 읽기와 관련해서, 헬렌 켈러에 관한 흥미로운 이야기가 하나 있습니다. (아시겠지만) 헬렌 켈러는 11세인가 12세에 '표절'로 비난받은 적이 있는데, 직접 쓴 단편 동화가 알고 보니 몇 해 전 출간된 동화책과 주제, 때로는 표현까지 똑같았기 때문입니다. 헬렌 켈러는 그런 동화를 들은 기억이 전혀 없으며 자신이 만든 이야기라고 주장했습니다. 그리고 훗날 자서전에서는, 누군가가 들려준 이야기의 내용을 "수동적으로 받아들이면" 그 출처가 자기 자신인지 외부인지 확신할 수 없다고 말했지요. 하지만 점자로 "능동적" 독서를 할 때는 모호함도 의혹도 없었다고 하고요.

버메이는 회고록에서 자신이 앞을 보는 사람 못지않게 잘 배우고 사회에 기여할 수 있다고 교사와 과학자들을 설득하기가 무척 힘들었다고 말했다. 나는 이 부분을 읽고 떠오른 내 학생의 이야기를 올리버에게 들려주었다.

케이티는 태어날 때부터 귀가 전혀 들리지 않았지만 건청 세계hearing world에서 살아가기로 마음먹었습니다. 사람들의 입 모양을 읽고 말하는 법을 배웠죠. 수업 시간에는 맨 앞줄에 앉아 제 입에 시선을 고정했습니다(조금 민망하긴 했습니다). 청인인 저는

케이티가 학교에서 평범한 하루를 보내는 데 얼마나 많은 노력과 집중력이 필요한지 결코 알 수 없을 겁니다.

자연스럽게 케이티는 청각 연구에 관심이 생겼습니다. 그래서 저는 동료와 함께 케이티를 매사추세츠 안과·이비인후과 병원에 데려갔습니다. 한 박식한 연구자가 우리에게 청각 연구소를 안내해 주었지요. 즐거운 하루를 보낸 뒤 헤어지기 전에 다 같이 둘러앉아 가볍게 대화를 나누었습니다. 그 연구자가 케이티에게 졸업하고 나면 무얼 할 계획이냐고 물었고, 케이티는 의대에 가서 정신과 의사가 되고 싶다고 대답했습니다.

"이런, 그건 안 되죠." 그 연구자가 말했습니다. "안 될 거예요. 귀가 안 들리잖아요. [케이티가 그 사실을 모르기라도 하는 것처럼!] 환자가 하는 말의 미묘한 뉘앙스를 이해할 수 없을 걸요. 다른 직업을 골라 봐요."

케이티는 이 말을 아무렇지 않게 받아들이는 것 같았어요. 우리는 곧바로 연구자에게 오늘 감사했다고 말하고 연구소에서 나왔습니다. 케이티가 택시를 잡으려고 꽉 막힌 도로로 용감히 나서는 모습을 보니 제 안의 모성 본능이 튀어나오더라고요. 저는 택시 안에서 케이티에게 이렇게 말했습니다. "저 연구자는 청력에 대해서는 아는 게 많을지 몰라도 너에 대해선 아는 게 하나도 없어. 네가 정신과 의사가 되고 싶으면 그렇게 하면 돼. 너는 사람들 말은 못 들을지 몰라도, 청인들이 알아차리지 못하는 비언어적 신호를 파악할 수 있잖아. 게다가 네가 환자들에게 영감이 될 수도…"

제가 이렇게 주절거리는데, 케이티가 장난스럽게 웃으며 제 말을 막았습니다.

"교수님, 걱정 마세요. 잊으신 모양인데, 저는 평생 사람들 말을 안 듣고 살았어요!"

올리버는 이 이야기에 감동받은 모양이었다.

교수님이 그 멍청한 정신과 의사[•]를 만난 뒤 귀가 들리지 않는 학생을 아낌없이 격려해 주신 이야기를 들으니 제가 다 기쁩니다―이 세상에는 소리를 못 듣는 정신과 의사와 환자들이 분명 존재하고, 이들은 아무 문제 없이 온전하게 소통합니다(이에 관한 알로[••]의 논문이 있는데,《목소리를 보았네》참고문헌 목록 제일 위에 있습니다)―그리고 《마음의 눈》에서 제가 언급한 맹인 정신과 의사(데니스 슐만)―지금은 랍비이기도 한데요―는 자신이 눈이 안

- [•] 케이트에게 너는 정신과 의사가 될 수 없다고 말한 연구자를 의미한다.
- [••] 제이컵 A. 알로Jacob A. Arlow(1912-2004)는 미국의 저명한 정신과 의사이자 정신분석가였다.

보이기 때문에 환자들의 미묘한 표현을 <u>더욱 민감하게</u> 감지할 수 있다고 했습니다.

나는 다시 유카탄에서의 우연한 만남으로 돌아가 편지를 마무리했다.

시작할 때처럼 연체동물 이야기로 편지를 마치겠습니다. 유카탄에는 마야 유적과 맹그로브 말고도 볼거리가 많습니다. 하지만 이번 휴가에서 제가 본 최고의 광경은 무척 뜻밖이었어요. 몹시도 아름다운 산호초 근처에서 스노클링을 하던 중에 처음으로 야생 오징어를 만난 것이죠. 제가 평소에 본 오징어들은 우즈홀 해양연구소의 물탱크에 있었어요. 움직이 둔하고 색깔이 희었지요. 그래서인지 스노클링 중에 활기차게 움직이는 형형색색의 오징어들을 처음 봤을 때, 내가 보고 있는 것이 물고기의 한 종류가 아니라는 사실을 깨닫기까지 시간이 좀 걸렸습니다. 20에서 30센티미터 길이의 오징어 네 마리가 나란히 헤엄치고 있었어요. 오징어들의 몸은 적갈색 바탕의 가로 줄무늬에서 청록색·연두색 세로 줄무늬와 물방울 무늬로 끝임없이 바뀌었습니다. 한참 구경했지만 이 오징어들이 서로 무슨 말을 하고 있었는지는 전혀

모르겠습니다. 박사님이라면 아셨을지도요.

    말라콜로지를 담아,

Stereo Sue

말라콜로지malacology는 연체동물을 연구하는 학문이고, 오징어는 연체동물의 한 종류다. 올리버는 더 창의적이면서도 무척 본인다운 끝인사로 자기 편지를 마무리했다.

저와 야생 오징어의 첫 만남도 교수님과 매우 비슷했습니다. 오징어들이 세로로 작은 편대를 이루고 있었지요―그때 저는 (아마 망상이겠지만) 제가 신기해하는 만큼 오징어들도 저를 신기해한다고 느꼈습니다.

    그러면, 테우토필리아˙를 담아,

• '테우티스'는 오징어의 속명이고, '테우토필리아'는 오징어를 향한 사랑을 뜻하는, 올리버가 지어낸 단어다.

텅스텐 생일

2007년 7월 2일, 케이트에게서 이런 이메일이 왔다.

올리버의 텅스텐 생일이 다가옵니다! (7월 9일에 뉴욕 근처에 계신 분들은 친구들과 함께하는 초밥 파티에 부디 참석해 주세요.)

올리버의 첫사랑은 원소와 주기율표였고, 그 사랑은 변함없이 이어지고 있었다. 그래서 그가 우리 집에 찾아왔을 때 내 아들 앤디가 부른 톰 레러의 〈원소 주기율표 노래〉에 그렇게 기뻐했던 것이다. 심지어 사람들의 나이도 원자 번호로 셌다. 올리버는 곧 74세가 되었고 그해의 원소는 텅스텐이었다. 그래서 나는 텅스텐 팽이를 선물로 준비하고 7월 9일에 열리는 파티에 참석하러 뉴욕행 기차에 올랐다.

올리버의 아파트는 사무실 건물 근처에 있어서 찾기 쉬웠다. 나는 파티에서 다른 신경학자들과 음악치료사, 광물 애호가, 양치류 전문가, 습지에 사는 새들의 사진을 찍는 예술가를 만났다. 이 중 마지막 인물인 로절리 위나드˙는 템플 그랜딘˙˙의 친한 친구로, 올리버에게 템플을 소개한 사람이었다. 이날 처음 만난 이후 로절리와 나는 좋은 친구가 되었고, 로절리는 이 책에 실린 올리버와 나의 사진을 흔쾌히 찍어 주었다. 올리버의 집은 부엌을 포함한 모든 방에 책꽂이가 늘어서 있고 선반마다 책 주제를 나타내는 카드가 놓여 있어서, 올리버가 분야를 가리지 않고 책을 읽어 치우는 다독가임이 여실히 드러났다. 그날 올리버는 어린 시절에 만든 런던 동네의 적녹 입체사진과 선인장 입체사진을 내게 보여 주었는데, 이제 그는 사진에서 나보다도 입체감을 느끼지 못했다.

- 로절리 위나드Rosalie Winard가 찍은 아름답고도 감동적인 사진은 그의 저서 《미국 습지의 야생 조류Wild Birds of the American Wetlands》에서 확인할 수 있다.
- 템플 그랜딘Temple Grandin은 콜로라도주립대학의 동물학 교수이며 《나는 그림으로 생각한다》《동물이 우리를 인간으로 만든다Animals Make Us Human》《템플 그랜딘의 비주얼 씽킹》등 자폐와 동물 행동에 관해 여러 권의 책을 썼다.

서로를 비추며
나란히

 2007년 9월 말, 다시 맨해튼으로 향했다. 이번에는 올리버의 생일 파티에서 알게 된 새 친구 로절리 위나드를 만나기 위해서였다. 뉴욕에서 머물던 어느 날 저녁, 로절리와 함께 올리버의 집에 찾아가서 초밥을 먹고(올리버가 가장 좋아하는 메뉴 중 하나다), 길 건너에 있는 가게 라일락Li-Lac의 초콜릿으로 식사를 마무리했다. 대화를 나누던 중 내가 편두통을 겪었을 때 올리버의 책 《편두통》을 읽었다고 말했다. 그때 나는 머리가 너무 지끈거려서 통증을 가라앉히려고 냉동 블루베리 봉지를 머리에 얹었다. 블루베리가 녹기 시작하면서 책이 파랗게 물든 모습이 책의 주제를 잘 보여 주는 듯했다.
 이 말을 듣고 올리버는 자신이 욕조에 들어가서 책 읽는 것을 좋아한다고 했다. 한번은 욕조에서 브라이언 그린의 《엘러건트 유니버스》를 읽다가 책을 물에 빠뜨리고 말았는데, 나중에 그린을 만났을 때 물에 쫄딱 젖었던 그 책에 사인을 받았다고 한다!

올리버는 나도 로절리도 수영을 좋아한다는 것을 알고, 다음 날 아침 첼시피어에 있는 실내 수영장에서 자기 친구와 함께 수영하자고 우리를 초대했다. 올리버의 친구는 역사상 가장 위대한 장거리 수영 선수 중 한 명으로, 얼마 전《수영으로 남극까지 Swimming to Antarctica》라는 책을 쓰기도 한 린 콕스였다. 일주일 뒤에 올리버에게 보낸 감사 편지에서 나는 이렇게 적었다. "린 옆에서 수영하자니 조금 부끄러웠어요—이매뉴얼 엑스(그래미상을 수상한 미국의 피아니스트·옮긴이)와 나란히 앉아 피아노를 치는 느낌이었달까요. 하지만 린은 정말 상냥하고 편안한 사람이었어요."

내가 방문했을 때 올리버는《뮤지코필리아》집필을 마치고 음악과 뇌에서 시각과 환각으로 관심사를 옮기는 중이었다. 그로부터 3개월 전, 올리버는 오른눈의 종양 때문에 시력이 왜곡되어 오른눈 망막 중심부를 레이저로 제거하는 수술을 받았다. 문제없는 왼눈을 감고 오른눈으로만 세상을 보면 시야 한가운데가 검고 불투명했다. 길을 걸을 때면 오른눈으로는 사람들의 하반신만 보였다. 오른눈의 중심시를 잃자 입체시도 거의 사라져서, 우리의 대화는 입체맹의 삶이라는 공통의 경험으로 흘러갔다. 예를 들면 나는 창문으로 보이는 풍경 전체가 유리창과 같은 평면 위에 있는 것처럼 보였다고 말했다. "정말로 그래요!" 올리버가 이렇게 맞장구치더니, 얼마 전 유리창 앞에 앉아 있는 피아노 선생님을 보는데 창문 바깥의 나뭇가지들이 선생님 머리에서 자라난 것처럼 보였다고 했다.

우리는 식사를 마치고 건물 옥상으로 올라갔다. 의자와 식물로 아름답게 꾸민 공간이었다. 입체시를 잃은 올리버는 아주 조심스럽게 계단을 올랐다. 옥상에서 나는 저 아래의 8번 대로를 힐끔 내려다보고는, 입체시가 생긴 뒤 공간감이 훨씬 좋아졌지만 덤으로 고소공포증도 생겼다고 설명했다. 올리버가 고개를 끄덕였다. 그는 한쪽 눈의 시력을 잃은 뒤 높이에 무감각해졌다고 했다. "한쪽 눈으로만 보면 공간 개념이 달라지죠." 나도 그의 말에 동의했다.

얼마 지나지 않아 올리버가 보낸 소포가 편지와 함께 내 우편함에 도착했다.

OLIVER SACKS, M.D.
2 HORATIO ST. #3G · NEW YORK, NY · 10014
TEL: 212.633.8373 · FAX: 212.633.8928
MAIL@OLIVERSACKS.COM

10/10/07

Dear Sue,

I very much enjoyed seeing you again — and yr letter. It is intriguing to get more details of the concept-of-space patch which you described (and I am now exploring in Murrel). I saw another chap, yesterday, who had lost central vision in one eye (from melanoma), and he too commented on a variety of unexpected ("sometimes comic") difficulties — especially c̄ measuring, pouring etc. when cooking in the kitchen. And my analyst this morning told me of a seamstress

OLIVER SACKS, M.D.
2 HORATIO ST. #3G • NEW YORK, NY • 10014
TEL: 212.633.8373 • FAX: 212.633.8928
MAIL@OLIVERSACKS.COM

the nun who became completely unable to thread a needle & sew on a button when she lost one eye --

On the subject of STEREO I enclosed Valyus' grand book, which was a great source of pleasure & information to me one (along with its many, many stereo-illustrations) — but I think now that it would be of more use to you — and more fun — than it is for me — So I hope you find it (or least in part) useful and/or enjoyable —

Let's keep in touch — and let me know how yr book is going —

Best,
Oli

2007년 10월 10일

수에게,

다시 만나서 무척 반가웠습니다—편지도 잘 읽었고요. 교수님이 경험한 공간 개념의 변화(저는 교수님이 밟은 그 길을 지금 거꾸로 걷고 있습니다)를 상세히 설명해 주신 부분이 아주 흥미롭습니다. 어제는 역시 (흑색종 때문에) 한쪽 눈의 중심시를 잃은 친구를 만났는데, 그 친구도 예상치 못한 (때로는 웃긴) 여러 어려움을 겪고 있다고 토로하더군요—특히 부엌에서 요리할 때 계량하고 붓고 하는 동작이 힘들다고 합니다. 그리고 오늘 아침 저의 분석가˙가 말하길, 자기가 아는 한 재봉사는 한쪽 눈의 시력을 잃은 뒤 바늘에 실을 꿰거나 단추 다는 작업을 아예 할 수 없게 되었답니다.

 입체시와 관련하여 발류스의 멋진 책을 동봉합니다. 한때는 (그 안에 담긴 수많은 입체화와 더불어) 저의 큰 즐거움이자 정보의 원천이었지만—이제는 저보다 교수님에게 더 쓸모—그리고 재미—가 있을 것 같군요.

- 자서전 《온 더 무브》에서 밝혔듯이 올리버는 1966년에 정신분석가 레너드 셴골드 박사를 만나기 시작했고, 세상을 떠나기 직전까지 정기적으로 상담을 받았다.

부디 (일부나마) 유용하게 그리고/또는 즐겁게 읽어 주셨으면 좋겠습니다.

    또 연락합시다—책 집필이 어떻게 되어 가고 있는지도 알려 주세요.

    그럼 안녕히,

    올리버

올리버가 보낸 책은 1986년에 출간된 니콜라이 아다모비치 발류스Nikolai Adamovich Valyus의 《입체영상Stereoscopy》이었다. 표지 안쪽에 그의 헌사가 적혀 있었다.

"스테레오 수에게, 전前스테레오인 올리버가 존경과 진심 어린 감사의 마음을 담아."

> For Stereo-Sue,
> from ex-stereo-Oliver,
> with admiration
> & warmest good wishes

이때쯤 나는 케네스 오글Kenneth Ogle의 《양안시 연구Researches in Binocular Vision》와 벨라 율레스의 《키클롭스적 지각의 기초》를 비롯해 양안시와 입체영상 관련 도서를 여럿 갖추고 있었지만, 발류스라는 이름이나 그의 저서는 한 번도 들어 본 적 없었다.

나는 발류스가 1909년에 태어난 모스크바의 교수이자 과학자였고 다른 무엇보다 입체 촬영을 위한 장비를 개발한 인물임을 알게 되었다. 발류스의 책은 입체사진과 입체쌍뿐만 아니라 양안시의 생리학과 입체 기구, 과학 및 예술 분야에서의 입체영상 활용에 관한 정보로 가득했다. 발류스는 구소련에서 다방면의 입체 전문가였으나, 올리버를 제외한 서구 과학자들은 대부분 그를 알지 못했다.

올리버의 편지("발류스의 멋진 책을 동봉합니다. 한때는 저의 큰 즐거움이자 정보의 원천이었지만—이제는 저보다 교수님에게 더 쓸모가 있을 것 같군요")를 읽으니 슬픈 기분이 밀려들었다. 그의 기분이 나아질 만한, 입체시가 없을 때의 장점은 없을까? 그래서 나는 다음번 편지에서(2007년 10월 21일 자의 이 편지는 줄 간격을 넉넉하게 두고 18포인트로 큼지막하게 작성했다) 30여 년 전에 내게 일어났던 작은 사건을 소개했다.

스물두 살 때 오빠가 있는 프랑스 파리에 갔습니다. 어느 날 아침 오빠와 저는 아침을 먹으려고 크루아상을 사서

한 정원에 들렀어요. 크루아상을 먹던 저는 스프링클러가 커다란 원을 그리며 반경 안의 식물들에게 물을 주고 있는 광경에 푹 빠져 버렸습니다. 처음에 스프링클러는 시계 방향으로 도는 것처럼 보였다가 도중에 반시계 방향으로 바뀌었고, 그러다 다시 시계 방향으로 돌았어요. 저는 계속 탄성을 질렀습니다. "방향이 바뀌었어. 봐 봐, 또 바뀌었잖아. 지금도 또 그랬어!" 오빠도 유심히 관찰했지만 오빠 눈에는 스프링클러가 한 방향으로만 움직였습니다. 아마 오빠는 입체시가 있어서 스프링클러가 자기 쪽으로 다가오는지 멀어지는지가 전혀 모호하지 않았던 것 같아요.

얼마 전 그날의 일을 기억하느냐고 오빠에게 이메일을 보냈습니다. 오빠도 그 행복했던 아침을 꽤 선명하게 기억하고 있었는지, 이렇게 답장을 보내왔습니다. "그럼 물론이지—파리 5구에 있는 식물원이었어. 과학관과 정원을 섞어 놓은 것 같은 곳이지. 내 기억으로 그때 우리는 아케이드에 서서 과일나무에 물을 주고 있는 마당을 내다보면서, 네가 뇌파의 힘만으로 스프링클러의 방향을 바꿀 수 있다며 킥킥 웃었어."

저는 평소에 네커 큐브˙ 같은 가역reversible 도형을

· 네커 큐브Necker cube는 두 가지 방식으로 보일 수 있다.

즐겨 보면서 하나의 형태에서 다른 형태로 지각의 방향을 순식간에 전환할 수 있었습니다. 제 능력이 유독 뛰어나다고 생각하기도 했어요. 제 뇌가 지각된 상을 빠르게 바꿀 수 있었던 이유는 아마 3차원을 명료하게 인식하지 못했기 때문일 겁니다. 만약 그렇다면, 박사님도 가역 도형을 잘 즐기실 수 있을 거예요. 이걸로 잃어버린 시력을 보상할 순 없겠지만 약간의 재미는 얻을 수 있을지도 몰라요.

우리가 2007년에서 2009년 사이에 주고받은 편지들은 주로 음악과 《뮤지코필리아》, 내 첫 책의 진행 상황, 완성을 앞둔 내 원고에 대한 올리버의 의견, 우리의 처참한 방향감각, 나의 나침반 모자(216쪽 참고)에 관한 내용을 담고 있었다. 그러나 입체시와 우리의 변화하는 공간 개념 역시 대화에 거듭 재등장했다. 2008년 2월 9일에 나는 이렇게 썼다.

요즘 거리감과 공간감에 대해 많이 생각하고 있습니다. 이것들이 요즘 제 안에서 가장 많이 변하고 있는 개념이거든요… 거리감이 계속 변하면서 확장되고 있습니다. 모든 것이 전보다 훨씬 멀리 뻗어 나갑니다. 전보다 침실이 덜 어수선하고, 공항이 덜 붐비며, 숲의

나무들이 더욱 층층이 겹을 이루고 있어요.

　오늘은 길 양쪽에 상점과 쇼핑센터가 일렬로 늘어선 평평하고 쭉 뻗은 길을 따라 차를 운전하고 있었습니다. 이렇게 시각적으로 복잡한 환경에서 저는 보통 불안해지곤 합니다. 그런데 신호등 앞에서 차를 멈췄을 때, 약 400미터 앞에 있는 다음 신호등이 보이고, 그 너머에 있는 세 번째 신호등까지 보이는 겁니다. 신호등에 전부 빨간불이 들어온 것이 보였고, 신호등을 지나 저 멀리서 산맥이 지평선 위로 쭉 뻗은 모습까지 보였습니다. 믿을 수 없었어요. 이런 방대한 공간감은 한 번도 느껴 본 적이 없었거든요. 양안시를 얻기 전, 저의 세상은 납작하다기보다는 협소했습니다. 공간이 찌그러져 있었어요.

　박사님의 세상은 어떨지 궁금합니다. 공간감이 협소해지지는 않았을지 걱정돼요. 과거의 입체시 경험 덕분에 지평선 위로 시원하게 뻗은 풍경을 여전히 볼 수 있으신가요? 사물 사이의 공간을 아직 뚜렷하게 느낄 수 있으신가요? 암점이 별문제를 일으키지 않기를(더 커지지 않기를), 그리고 박사님이 더 자신감 있게 계단을 걸어 내려갈 수 있기를 기원합니다.

올리버는 2008년 2월 19일 자 편지에서 이렇게 말했다.

양안시가 없으면 공간이 "협소해지고" 심지어 "찌그러진다"니, 아주 딱 맞는 표현입니다. 저도 그 점을 끊임없이 느끼고 있습니다. 가까운 사물과 멀리 있는 사물 사이의 빈 공간이 사라질뿐더러, 자꾸만 황당하게도 전부 같은 '평면' 위에 나란히 놓인 것처럼 보입니다. 크기나 특성이 전혀 맞지 않는데도 말이지요. (어제는 분석을 받으러 갔는데, 내 물병 위에 색색의 라벨 스티커가 쌓여 있는 겁니다—그 광경이 사실이 아니라는 걸 알면서도 머릿속 인식을 바꿀 수가 없었습니다. 이런 것들을 더 잘 구분하기 위해 고개의 위치를 바꾸는 자동 반응이 아직 충분히 발달하지 않았나 봅니다.) 런던에 갔을 때 한쪽 귀의 청력을 갑자기 완전히 상실한 어느 젊은 음악가를 만났습니다—이 음악가에게도 공간이 "찌그러졌습니다." 적어도 음악적, 청각적 공간은요—그 사람이 흥미로운 글을 보내 주었는데, 제가 책에서 소개한 노르웨이 의사보다 자신의 느낌을 더 깊이 있고 상세하게 설명하고 있습니다. 저는 여기서 "지각"과 "개념"을 구분하기가 어렵습니다. 저도 실제로 공간 개념이 찌그러질 수 있다고 생각합니다(하지만 공간 개념이란 말이 무엇을 의미할까요?). 그리고 시각적 공간과 청각적 공간, 운동감각 또는 운동 신경적 공간 등등이 일반적으로 상관관계가 있긴 하지만,

정확히 어떻게 연결되어 있는지는 잘 모르겠습니다.
...
공간이 확장되고 연장된다는, 교수님이 묘사한 모든 상황이 제게는 정확히 거꾸로 발생하고 있습니다. 유일한 "보상"은—저는 시각 예술가가 아니라서 딱히 활용할 수 없기 때문에 그리 큰 보상은 아닙니다만—모든 것이 납작해지고 나란히 놓여서, '시각적 구성'의 감각, (때로는 아름답기도 한) 정물화를 바라보는 듯한 감각이 강해졌다는 점입니다.

올리버는 내게 양안시가 생기면서 새로운 공간 지각, 전에는 상상조차 할 수 없었던 '퀄레' 또는 감각이 생겼다는 사실을 처음부터 이해했다. 2005년에 처음 만났을 때, 입체그림을 들여다보며 기뻐하는 내 앞에서 그는 수염을 쓰다듬으며 밥과 랠프에게 말했다. "교수님에게 완전히 새로운 감각이 생긴 것 같아." 나는 태어나서 마흔여덟 살이 될 때까지 양쪽 눈에서 얻은 이미지를 융합하지 못했으니, 이 능력을 습득한 이후 완전히 새로운 지각 경험을 하게 된 것도 당연하다. 그러나 올리버는 일흔세 살까지 입체시로 세상을 보았다. 그리고 시선을 돌릴 때마다 공간을 (그의 표현을 빌리면) "근사한 투명 매질"이자 "내가 위치할 수 있고 마음대로 돌아다닐 수 있는 호의적이고 깊이 있는 영역"으로 인식했다. 그래서 2009년 6월 1일에 나는 이렇게 썼다.

올리버에게,

…

박사님의 시각 세계와 공간 개념이 완전히 납작해졌다는 이야기를 듣고 깜짝 놀랐습니다. 양안시가 생기기 전에 저는 공간을 (박사님 표현을 빌리면) "부피감 있는 매질로, 단단한 사물이 위치할 수 있는 장소이자 거처로" 이해하지 못했습니다. 그런 개념을 형성할 수 있는 사전 경험이 전혀 없었지요. 저와 달리 박사님은 73년간 입체시를 즐겁게 경험하셨기 때문에, 그 경험으로 현재 박사님에게 생긴 결핍을 메울 수 있을 거라고 생각했어요.

올리버는 6월 15일에 답장을 보내며 거울에 비친 자신의 모습이나 고소공포증의 약화처럼 우리가 공통으로 겪은 입체맹의 경험을 이야기했다.

맞아요. (73년간 입체시를, 심지어 초입체시를 누렸는데도) 이제 세상이 완전히 납작해졌다는 사실이 저도 놀랍습니다. 다른 단서가 없으면 '근거리'와 '원거리', 더 가까이와 더 멀리, 전경과 배경 같은 비교법적

용어의 의미를 체감하기가 힘듭니다. '기능' 면에서는 별문제가 없어서, 적어도 낮에는 능숙하고 자신감 있게 자동차를 운전할 수 있습니다(밤 운전은 피하려고 하는데, 주변 환경이 보이지 않으면 신호등이 얼마나 멀리 있는지 파악할 수 없기 때문입니다)―하지만 깊이의 퀄레는 완전히 사라졌습니다(적어도 제가 앞을 보려고 할 때는 말이지요―초승달 모양으로 주변시가 남아 있는 부분에 존재하기는 합니다˙).

  제 경험은 대부분 요즘 교수님이 하는 경험과 정반대입니다―거울에 비친 교수님의 모습이 앞뒤로 움직이는 것을 볼 때의 기쁨을 글로 아름답게 표현하셨지요. 저는 제 양복에 묻은 얼룩을 지우려다가 그 얼룩이 거울 표면 위에 묻은 것임을 발견합니다. 거울에 비친 제 모습은 거울 표면 위에 있어요―제 모습이 거울 속에, '거울 너머에' 있다는 감각이 전혀 없습니다. 교수님은 하와이의 높은 절벽에서 아래를 내려다볼 때 급작스러운 충격/공포/경외감/현기증을 느꼈다고 하셨지요. 저는 원래 고소공포증이 어지간히 심해서, 높은 곳에서 떨어지는 온갖 상황을 상상하면 몸에 자동

•   이 시기에 올리버의 오른눈은 중심부를 제외한 곳에 시력이 남아 있어서, 왼눈에 입력된 정보와 결합해 주변부 입체시를 형성할 수 있었다.

반응이 나타나곤 했습니다만, 이제는 위험할 만큼 높이에 무감합니다.

  요즘 교수님이 공간을 2차원으로 재현한 것—그림이나 영화 등등—에서 (마땅하게도) 부피감과 공간감을 생생하게 느낀다는 점이 흥미롭습니다. 저에겐 그런 생생함이 거의 없습니다. 교수님은 새로운 공간감을 얻고, 저는 잃은 것 같군요. 운동 시차*가 매우 중요하다고 생각하긴 하지만, 운동 시차에서 입체시의 퀄레가 생기지는 않습니다.

…

요즘 제임스. J. 깁슨James J. Gibson의 책(《시각 세계의 지각The Perception of the Visual World》과 《시지각 체계로서의 감각The Senses Considered as Perceptual Systems》)을 읽고 있습니다—교수님은 읽어 보셨는지요? 정말로 뛰어난 인물입니다. 행동과의 상호작용을 언급하지 않고는 지각을 말할 수 없음을—바라보는 것을 언급하지 않고는 보이는 것을 논할 수 없고, 귀 기울이는 것을 언급하지

---

* 우리가 움직일 때 멀리 있는 사물보다 가까이 있는 사물이 우리 시야에서 더 빠르게 움직이는 것처럼 보이며, 이러한 상대운동 또는 운동 시차에서 원근감—무엇이 앞에 있고 무엇이 뒤에 있는지에 대한 감각—이 발생한다. 나도 언제나 운동 시차를 사용해서 원근감을 추론하곤 했으나, 실제로 운동 시차를 통해 사물 사이의 공간감을 느낀 것은 입체시를 얻은 뒤였다.

않고는 들리는 것을 논할 수 없으며, 킁킁거리는 것을 언급하지 않고는 냄새나는 것을 논할 수 없음을―이러한 '생태계적' 관점을 아마 처음 강조한 사람일 겁니다. (데일 퍼브스Dale Purves도 이와 비슷한 생각을 하는 것 같습니다―알바 노에Alva Noë처럼 "확장된 의식"을 다루는 철학자들도 그렇고요.) 깁슨은 입체시를 그리 대단치 않게 평가합니다―퍼브스도 그렇지요―입체시는 3차원 세계의 정보를 얻는 여러 방법 중 하나일 뿐이라는 겁니다―하지만 저는 퀄레와는 아무 관련도 없는 이러한 정량적이거나 행동 중심적인 기준이 핵심을 놓치고 있다고 봅니다―행동 검사 외에 (교수님과 저의 경험 같은) 개인적 경험에 대한 설명 또한 필요하다고 보고요.

나는 처음 3차원을 보기 시작했을 때 이 새로운 광경에 압도되고 황홀경에 휩싸여서 내가 미쳐 가는 건 아닐까 걱정스러울 정도였다. 입체시가 내게 얼마나 기적과도 같은 일인지를 보는 즉시 알아차렸던 바로 그 사람이 자신의 입체시를 잃게 되었다는 사실은 슬픈 아이러니였다. 2년 뒤 올리버는 자신과 나의 이야기를 포함해 다섯 가지 사례를 소개한 책 《마음의 눈》을 집필하던 중에 편지로 내게 이렇게 말했다. "이제 교수님의 이야기와 내 이야기가 바로 옆에 나란히 놓이게 되겠군요."

아우팅

　　2008년 3월 19일, 우리의 친구 로절리와 함께 다시 한 번 뉴욕에 있는 올리버의 집을 찾았다. 열네 살 때부터 꾸준히 일기를 써 온 올리버는 우리에게 자신의 "흑색종 일기"를 보여 주었다. 기분이 몹시 저조해 보였다. 이 시기에도 올리버와 나는 편지를 여러 통 주고받았는데, 올리버는 모든 편지에서 기운이 없고 정신이 산만하다고 언급했다. 《뮤지코필리아》 완성을 위한 대대적 노력은 끝이 났고, 이제 그는 다윈과 꽃나무에 관한 글을 쓰면서(〈다윈과 꽃의 의미〉) 동시에 '시각' 책을 준비하고 있었다. 그리고 그 과정에서 자신이 시력을 상실했음을 거듭 상기해야만 했다.

　　그로부터 두 달이 지난 2008년 5월 30일, 올리버는 메트로폴리탄미술관에서 열리는 세계과학축제에서 과학 전문 기자인 로버트 크럴위치와 현장 인터뷰를 하기로 했다. 올리버는 편지에 이렇게 썼다. "금요일에 메트로폴리탄에서 로버트와 시각을 주제로 대담을 나눌 건데, 분명히 입체시(무엇보다도 교수님과 저의 입체시) 이야기도 하게 될 겁니다—교수님도 오실 수 있으면 좋겠네요!"

대담이 있는 날 아침, 고속도로를 타고 축제가 열리는 뉴욕으로 향하던 중에 내 핸드폰이 울렸다. 로버트였다. 그는 축제에서 올리버를 인터뷰하며 눈에 생긴 종양과 시각의 왜곡, 입체시 상실에 관해 대화를 나눌 예정이었다. 올리버가 일기에 그린 그림도 관객에게 보여 주려고 했다. 그런데 그날 아침 올리버가 전화를 걸어 와서 자기 시력 이야기는 하고 싶지 않다고 말했다. 로버트는 분명하게 반대 의사를 전했다. "색스 박사님, 기차는 이미 떠났습니다." 그래서 지금 로버트는 올리버에게서 관객의 시선을 돌릴 수 있도록 내가 대담 중에 무대 위로 올라와 줄 수 있겠냐고 묻고 있었다. 내가 그러겠다고 하자, 로버트는 미술관 강당에 도착하면 좌석 안내원을 찾아가라고 말했다. 안내원이 나를 지정 좌석에 앉힐 것이고, 대담 중에 때가 되면 자신이 나를 무대 위로 부르겠다는 것이었다.

뉴욕시에 도착한 나는 먼저 로절리의 아파트를 찾아갔다. 로절리는 무대에 오를 거면 더 세련된 옷을 입어야 한다고 고집하며 내게 그에 걸맞은 옷을 입혀 주었다. 미술관에 도착해 안내원에게 이름을 말하고 안내에 따라 무대를 바라보는 객석 왼쪽의 복도 근처 좌석에 앉았다. 로버트와 올리버가 무대에 등장해 커다란 화분이 놓인 테이블을 사이에 두고 마주 보고 앉았다. 두 사람은 곧 시력 이야기를 시작했고, 로버트가 올리버의 오른눈으로 본 침실의 실링팬 그림을 화면에 띄웠다. 실링팬의 날개가 몇 개 빠져 있었다. 오른쪽 망막이 손상된 탓에 보이지 않았기 때문이다. 두 사람은 입체시에 대해 설명했고, 올리버는 약간 씁쓸해하며 입체시를 잃는 것이 아니라 얻는 것이 어떤 느낌인지를 스테레오 수에게 들을 수 있으면 좋겠다고 말했다. 그러자 로버트가 "여기 있어요, 객석에요!"라며 받아쳤고, 올리버가 놀란 척하며 말했다. "정말로요?!"

로버트가 나를 무대 위로 불러냈다. 나는 자리에서 일어나 관객 700명을 뚫고 무대로 걸어 올라갔다. 올리버의 옆, 로버트를 마주 보는 곳에 내 자리가 마련되어 있었다. 내가 자리에 앉자 로버트가 잎이 무성한 커다란 화분에서 아무렇지 않게 핸드마이크를 꺼냈다. (로버트와 올리버는 옷에 더 작은 마이크를 달고 있었다.) 입체시를 새로 얻는 것이 어떤 느낌이냐는 로버트의 질문에 나는 이렇게 답했다. "이제 나무의 바깥쪽 가지들이 얼마나 넉넉한 공간을 품고 있는지, 그리고 그 공간을 안쪽 가지들이 어떻게 관통해 나가는지가 눈에 보입니다. 그런 풍경이 아직도 숨 막힐 만큼 놀랍고 감탄스러워요. 새로 얻은 입체시 덕분에 어린아이가 느낄 법한 경이감으로 가슴이 벅차오릅니다." 시야 끝에서 올리버가 고개를 끄덕이는 것이 보였다. 나는 다시 객석으로 돌아왔고, 로버트와 올리버는 대담을 이어 갔다.

행사가 끝난 뒤 올리버를 만나러 무대 위로 올라갔다. 나를 찾고 있었다더니 정작 내 앞에서 그는 아무 말도 하지 않았다. 함께 미술관의 이집트관을 구경하다가 어느 석관 앞에 잠시 멈춰 섰을 때, 올리버는 오늘 자신이 "아우팅"당했다고 말했다. 자신이 시력을 상실했음을 공개적으로 말하게 되었다는 뜻이다. 올리버는 몹시 슬퍼 보였고, 나는 그를 어떻게 위로해야 할지 몰랐다. 한편으로는 올리버가 "아우팅"이라는 단어를 선택한 것이 의아했다. 올리버가 게이일지도 모른다는 생각이 스쳤고, 혹시 그것이 올리버가 품은 또 하나의 비밀은 아닐지 궁금했다.

올리버처럼 나도 내 개인적인 이야기를 사람들 앞에 공개했고, 그 결과 치부가 노출된 듯한 기분이 들었다. 사시인 내 눈에 대해 말할 때마다 어린 시절에 느낀 수치심과 굴욕감이 되살아났다. 그래서 올리버가 자신의 사적인 이야기를 공개할 때 양가감정을 느끼는 이유도 이해가 갔다. 눈 근육을 수술받은 뒤 대다수 사람은 내가 사시임을 알아차리지 못했다. 그러나 올리버는 1996년에 있었던 댄의 첫 우주선 탑승 기념 파티에서 처음 만났을 때, 내가 언급하기도 전에 내 눈이 사시임을 간파했다. 나의 비밀은 처음부터 올리버에게 들통나 버렸고, 결국 나는 올리버의 격려에 힘입어 그 비밀로 사람들을 도울 수 있게 되었다.

간주곡 II

2008년 11월 6일, 올리버에게 편지를 보내 나의 책 《3차원의 기적》에 서문을 써 주고 10월 13일 자 편지로 후기를 전해 줘서 감사하다는 말을 전했다. 올리버에게는 쉽지 않은 일이었을 것이다. 내가 얻은 입체시를 그는 서서히 잃고 있었으니까. 나는 그 무렵 올리버가 자신의 시력 상실에 대해 쓰느라 기분이 저조하다는 것을 알았다. 그래서 선물을 하나 동봉했다. 올리버가 시력 문제를 잠시나마 잊을 수 있기를 바랐는데, 마침 얼마 전에 읽은 책에서 그 방법을 하나 발견했다.

올리버에게,

제 책 서문을 써 주셔서 감사합니다. 너무나 아름다운

문장으로 이 책의 중요한 주제들을 전부 강조해 주셨어요. 제 책이 서문의 멋진 마지막 단락에 부응할 수 있기를 바랍니다. 시력이 나빠지고 계시니 입체시의 경이로움에 관한 책을 읽기가 분명 힘드셨을 텐데, 기꺼이 이 일을 맡아 주셔서 얼마나 감사한지 몰라요. 10월 13일 자 편지로 긍정적인 후기 전해 주신 것도 감사드립니다. 덕분에 더 자신감 있게 책을 공개할 수 있게 되었어요.

작은 선물 하나를 동봉합니다. 과르네리 4중주단의 제1바이올린 주자인 아르놀트 슈타인하르트의 저서 《바이올린 꿈Violin Dreams》입니다. 저는 일주일 전에 이 책을 읽고 사랑에 빠졌어요. 이 책은 음악과 바이올린, 훌륭한 바이올린 연주자들의 역사, 바이올린 제작의 "매력과 경이로움에 부치는 찬가"입니다. 이 책에서 반복되는 주제가 바로 바흐의 샤콘느(D단조 파르티타 중 다섯 번째 곡)와 슈타인하르트의 풍성한 꿈 생활이에요. 피아니스트 아서 뢰서가 바흐의 D단조 파르티타에 맞춰 춤을 추는 장면이 무척 감동적이었습니다. (박사님이 춤을 별로 안 좋아하시는 것은 알지만 한번 시도해 보세요. 저도 해 봤더니 새로운 음악 감상의 문이 열렸답니다.)

…

《바이올린 꿈》에서 슈타인하르트는 바흐의 샤콘느 이야기를 몇 번이나 다시 꺼냅니다. 그 음악이 가진 힘을 생각하면 놀라울 일도 아니지만요. 박사님도 《뮤지코필리아》에서 그 힘을 언급하셨지요. 9.11 추모일에 어느 젊은 바이올린 연주자가 맨해튼 끝자락에서 샤콘느를 연주했던 일에 대해 말씀하시면서요. 저는 종종 이 곡의 첫 화음이 머릿속에 울리며 다재다능하지만 까다로운 사람이었던 아버지의 기억이 떠오르곤 합니다.

책에 D단조 파르티타 CD가 들어 있어서, 이 곡의 악보도 동봉했습니다. 이렇게 하면 음악의 구조와 풍경을 동시에 보고 들으실 수 있을 거예요. 악보의 음표들이 박사님이 읽기에 너무 작지 않았으면 좋겠네요.

음악에 관한 편지이니만큼, 프레드 이야기로 마무리할까 합니다. 프레드는 저희 집의 피아노 조율사인데, 아주 별난 사람입니다. 움직임은 꼭 로봇 같고, 모든 자음을 힘주어 발음하고, 모든 음절에 정확히 똑같은 비중을 두면서 꼭 기계처럼 말합니다. 처음 우리 집에 온 날 프레드는 피아노 앞으로 저벅저벅 걸어가서 제가 평소에 어떤 음악을 연주하는지 유심히 살펴보고, 집 안에 장식된 가족사진을 자세히 뜯어본 뒤 피아노 앞에 앉아 연주를 시작했습니다. 놀랍게도 프레드는 낭만적이고 복잡한 곡을 연주했어요. 쇼팽의 곡 같았는데, 본인의 말투나 몸동작에서는 전혀 찾아볼 수 없는 유려함과 우아함을 드러냈지요. 그러고 나서 프레드는 조율을 시작했습니다. 먼저 소리굽쇠를 이용해서 A 440 건반˙에 해당하는 현을 조정하고, 음정 간의 맥놀이에 귀를 기울이며 다른 건반들을 하나하나 조율해 나갔습니다. 저는 속으로 이렇게 생각했습니다. '참 특이한 사람이야. 피아노 조율 실력은 사람 상대하는 능력보다 나았으면 좋겠네.'

 프레드의 손을 거치자 피아노 소리가 정말 좋아져서, 저도 모르게 피아노를 더 자주 연주하게 되었습니다. 처음 만난 날 이후로 프레드는 6개월에 한 번씩 저희 집에 찾아와 피아노를 만져 줍니다. 그런데 하루는 조수를 한 명 데리고 와서 조수가 대신 피아노를 조율해도 괜찮겠느냐고 묻더군요. 프레드가 어쩔 줄 모르고 당황해하는 것 같아서, 곧바로 상관없다고 했습니다. 일주일 뒤 프레드가 전화를 걸어 와서 피아노 소리가 어떻냐고 묻기에, 음정은 괜찮은 것 같지만 뭔가가 다르다고, 너무 두드리는 것 같은 소리가 난다고 말했어요. 프레드는 6개월 뒤에 자기가 다시 손봐 주겠다고 했습니다.

- A 440은 주파수가 440헤르츠인 음높이를 가리킨다. 피아노의 경우 가운데 도(C) 위에 있는 라(A) 음에 해당한다.

프레드는 6개월 뒤 다시 찾아와서 피아노를 조율하고 이번에도 일주일 뒤에 전화를 걸어서 피아노가 어떻느냐고 물었습니다. "원래대로 돌아왔어요." 저는 만족스러워하며 뭘 어떻게 한 거냐고 물었죠. 프레드는 정음 작업을 했다고 말했습니다. 다음번에 프레드가 왔을 때 정음 작업이 무엇이냐고 물으니, 건반마다 연결된 해머의 펠트를 조정하는 방법을 보여 주었어요. "부드러운 소리를 좋아하시잖아요." 프레드가 (언제나처럼 기계 같은 목소리로) 말했습니다. "그러니 소리를 부드럽게 만들어야지요." 저는 깜짝 놀라서 제가 그런 소리를 좋아하는 줄 어떻게 알았느냐고 물었습니다. (저조차 제가 어떤 소리를 좋아하는지 몰랐거든요.) "아." 프레드가 말했습니다. "선생님과 대화를 나눠 보고, 어떤 곡을 연주하시는지 보고, 피아노의 어떤 부분이 닳았는지 보면 알 수 있죠." 그리고 이렇게 덧붙였습니다. "피아노를 조율하려면 연주자가 어떤 사람인지 알아야 해요."

    잘 조율된 마음을 담아,

Sue

2008년 11월 10일

수에게,

참으로 사랑스러운 편지였습니다(늘 그렇듯이요)—책과 CD도 감사히 받았습니다. 이 책은 몇 년 전 처음 출간되었을 때 들어 본 적이 있어요—이제 교수님 덕분에 읽어 보기 시작했군요(방금 막 1장을 다 읽었습니다—읽는 속도가 느려졌어요). 그리고 제 침대 옆에 있는 CD 플레이어로 슈타인하르트가 연주하는 1966년과 2006년 버전의 D단조 파르티타를 듣고 있습니다(1966년 버전도 젊은 에너지가 흘러넘치고 탁월한 기교가 돋보입니다만, 저는 2006년 버전이 훨씬 깊고 사색적인 것 같습니다—그리고 악보를 같이 볼 수 있으니 매우 편리하네요. 이 점도 감사드립니다).

  제가 뛰어난 바이올린 연주자를 직접 본 것은 (제 생각엔) 1943년입니다—1945년 즈음일 수도 있고요—그때 예후디 메뉴인이 전쟁으로 파괴된 런던을 찾아와 샤콘느를 연주했었지요(9.11 추모일에 맨해튼 끝자락에서 샤콘느 연주를 들었을 때 이날의 일이 떠올랐습니다).

  기계 같고 다소 아스퍼거증후군이 있는 것 같은 피아노

조율사가 교수님의 (음악적) 감수성을 민감하게 알아차린 이야기가 몹시 흥미로웠습니다. (역시나 이번에도) 궁금해지더군요. 자폐를 비롯한 이런저런 증상이 있는 사람이, 다른 분야에서는 감정적으로 빈곤하면서도 음악과 음악적 감정에는 매우 섬세하게 반응하는 것이 가능할까요? 글렌 굴드도 그러한 사례였을까요?—저는 그의 〈골드베르크 변주곡〉 후기 버전을 앞선 버전보다 훨씬 선호합니다.

바흐 이야기를 더 하자면—훨씬 훨씬 훨씬 변변찮은 수준이지만!—제 피아노 선생님의 제자 네 명이 지난주에 선생님의 아파트에 모여 각자 연습 중인 곡을 연주했습니다(저의 곡은 바흐 〈평균율 클라비어곡집〉 1권의 E장조 프렐류드와 〈작은 프렐류드와 푸가〉의 C단조 프렐류드였습니다). 관객(비록 아주 소수의 관대한 관객이었지만) 앞에서 피아노를 연주한 것은 60여 년 전의 마주르카* 이후 처음이었지요.

책의 서문이 마음에 드신다니 정말 기쁩니다(그리고 다행스럽습니다!)—입체시에 대해 생각하느라 그리움으로

• 폴란드의 민속 춤곡을 바탕으로 한 짧은 피아노 소품인 쇼팽의 마주르카를 뜻한다. 올리버는 어린 시절 마주르카 59곡을 전부 외웠다. 그리고 2차 세계대전이 끝난 직후 부모님과 함께 스위스 여행을 떠났을 때 한 호텔에서 열린 즉석 연주회에서 이 곡들을 연주했다.

비통해진 것은 사실입니다. 이제 저의 입체맹 상태와 그 영향, 그리고 다른 시각적 증상(현재 가장 심한 증상은 반복시**입니다. 시야 가득 작은 것들이 꾸물꾸물 기어다니는 환각도 있는데 그냥 무시하고 있습니다)에 관해 긴 글을 써야 합니다. 지금은 샤를 보네 증후군***에 관한 에세이―2007년 9월에 '내팽개친' 원고―를 다시 만지고 있습니다.

　다시 한번 감사합니다! 교수님과 교수님 책에 행운이 가득하길 바랍니다!

　　•• 　반복시palinopsia는 어떤 사물을 더 이상 보고 있지 않은데도 그 이미지가 계속해서 보이는 증상이다.
　　••• 　샤를 보네 증후군Charles Bonnet syndrome은 심각한 시력 저하를 겪은 사람들에게 환각이 보이는 증상이다.

나침반 모자

2009년 5월 13일, 케이트 에드거가 조언을 구하는 한 사시 남성의 이메일을 내게 전달했다. 나는 이렇게 답장을 보냈다.

네, 제가 이분께 이메일 보낼게요. 이분이 사는 지역에 실력 좋은 검안사가 몇 명 있어요.

저는 시각과학학회 모임에서 막 돌아왔습니다. 제가 집을 비운 사이, 댄이 굉장한 어머니날 선물을 준비했더라고요. 바로 모자인데, 나침반과 회로가 달려 있어서 제가 고개를 북쪽으로 돌릴 때마다 부르르 진동한답니다. 저의 형편없는 방향감각에 이 모자가 도움이 될지도 모르겠어요. 이제 나가서 모자를 쓰고 동네를 한번 돌아 보려고요.

나는 "이제 사우스해들리에서 길 잃을 일은 없겠지요"라는 말로 편지를 마무리했고, 1분 뒤 케이트에게서 답장이 왔다.

효과가 있는지 알려 주세요. 올리버를 위해 하나 주문해야 할지도 몰라요!

올리버도 나도 방향감각이 좋지 않아서 참 답답하고도 난처했다. 우리는 언제나 길을 잃었다. 남편 댄은 이런 나를 돕고자 오래된 챙 모자에 나침반과 회로를 달았다. 나침반이 북쪽을 가리키면 회로가 작은 모터를 작동시켜서, 내가 고개를 북쪽으로 돌릴 때마다 모자가 부르르 떨렸다. 나는 모자가 마음에 쏙 들었다. 이 모자로 방향감각을 익힐 수 있을까? 브록 스트링이 내 시력 훈련의 도구가 되어 주었던 것처럼 이 모자가 "방향 훈련"의 도구가 될 수 있을까? 내가 중년에 세상을 3차원으로 보는 법을 배웠듯이, 이 모자로 세상을 경험하는 또 다른 방식을 배울 수도 있지 않을까? 올리버도 비슷한 생각을 했는지, 다음과 같은 편지가 왔다.

2009년 5월 18일

수에게,

교수님의 나침반-모자 소식에 흥미가 돋네요. 교수님이 동네를 비롯한 이런저런 곳들의 위치를 파악하는 데 모자가 얼마나 도움이 될지 무척이나 궁금합니다. 저도 거의 장소실인증이라고 할 수 있을 정도라서요—공간을 알아보지 못하고, 방향감각이 없고, 늘 길을 잃고, 기타 등등—또한 인위적일지라도 인간이 자기 감각magnetic sense을 추가로 개발할 수 있을지도 궁금했습니다.

 몇 년 전 한 친구에게 나침반 기능이 있는 커프스 단추를 선물받고 나서, 엄청나게 강력하고 거대한 희토류 자석을 주머니에 넣고 다니기 시작했습니다—이 녀석들은 지구 자기장에 맞춰 정렬하려 하지요. 그때 저는 귀나 안경에 이런 자석을 달면 어떨까 생각했는데, 교수님에게는 자석의 (상대적으로 미약한) 인력보다 더 강력한 것이 필요한가 봅니다—그게 바로 댄의 모자가 제공하는 신호이지요. 우리 뇌 속에 자철석 가루를 넣을 수 없다면, 그 대신 자석 모자를 쓸 수도 있겠습니다.

…

내 나침반 모자에는 있지만 올리버의 커프스 단추에는 없던 것은 바로—올리버가 말했듯—신호였다. 나침반 모자는 내 고개가 북쪽을 향할 때마다 진동했다. 진동은 내 행동의 결과였다. 보통 움직임과 감각이 결합하면 강력한 학습의 신호가 되기 때문에, 올리버와 나는 이 신호가 방향감각 향상에 정말로 도움이 될지 궁금했다.

2009년 5월 27일에 나는 길고 긴 답장(여기서는 짧게 축약했다)을 보냈다.

올리버에게,

…

지난 몇 주간 저는 방향감각에 집착하면서 모르는 사람과 친구를 가리지 않고 북쪽이 어느 쪽인지 아느냐고 묻고 다녔습니다. 저의 새 모자로 그들의 답이 맞는지 확인할 수 있지요. 저는 사람들이 세 가지 범주로 나뉜다는 결론에 이르렀습니다. 그리고 각 범주에 '천부적 재능'과 '보이스카우트' '노답'이라는 이름을 붙였습니다.

'천부적 재능' 범주에 속한 사람들은 자기 위치를

- 지구 자기장에 맞춰 정렬하는 산화철로 이루어져 있다.

훌륭하게 파악하며 북쪽이 어디인지를 그냥 저절로
압니다. 이들은 이동할 때 외부 단서를 바탕으로 자신의
위치 정보를 끊임없이 업데이트하는데, 보통은 자신이
그러고 있는지조차 모릅니다.

'보이스카우트'도 외부 단서를 이용해서 북쪽을
파악할 수 있지만 이들은 멈춰 서서 한번 생각해야
합니다. 이들이 주로 활용하는 단서는 대로, 산이나 강
같은 커다란 지형지물, 그리고 당연하게도 태양입니다.
몇몇 사람들은 태양을 나침반으로 삼을 때 지금이 몇
시인지뿐만 아니라 계절과 지구의 기울기까지 고려하는
섬세한 접근법을 취합니다.

'노답'이라는 세 번째 범주명은 단순히 웃기려는 게
아니라 말 그대로입니다. 노답인들은 북쪽과 남쪽이
어디에 있는지를 도무지 모릅니다. 이들은 커다란 외부
단서에 전혀 주목하지 않고, 보통 길을 잃습니다. (얼마
전 박사님의 편지를 받고 장소실인증topagnosia이라는 신경학
용어를 처음 알았습니다.) 이 범주에 속한 사람들은 대부분
자신이 노답임을 선뜻 인정합니다. 저도 노답 범주에
속합니다. 장소를 이동할 때 시간이 얼마나 걸릴지는
잘 파악하는 편이지만, 서로 다른 장소가 지리적으로
어떻게 연결되어 있는지는 전혀 몰라요. 꼭 〈스타트렉〉에
나오는 인물들처럼 이 장소에서 저 장소로 "전송"되는

기분입니다.

   이처럼 머릿속에 지도가 없다 보니 장소 기억력이 매우 떨어집니다. 댄과 저는 1970년대 중반에 프린스턴 대학원에서 만났는데요. 저는 프린스턴에서 4년 반을 보냈고 당시 20대였는데도 캠퍼스에 대한 기억이 거의 없습니다. 지난달에 댄과 캠퍼스에 갈 일이 있었는데 모든 게 새로웠어요. 도서관도, 커다란 예배당도, 아치형 복도도, 그 밖의 대규모 지형지물 중 그 무엇도 알아보지 못했습니다. 기억나는 것은 사소한 디테일뿐입니다. 화학과 건물의 잿빛 벽돌을 배경으로 화사하게 피어 있던 보라색 꽃과 제가 근무했던 실험실의 구조는 기억이 납니다.

   처음에는 친구나 가족의 관찰력과 시각적 심상화 능력을 파악하면 그 사람이 세 범주 중 어디에 속할지 예측할 수 있으리라 생각했어요. 하지만 그렇지 않더군요. 제 친구 S는 화석과 계통발생, 찰스 다윈의 전문가입니다. 탁월한 박물학자지만, 예리한 관찰력이 방향감각으로 이어지지는 않더라고요. 제가 북쪽이 어디인지 아느냐고 묻자 완전히 말문이 막히더니, 자신이 노답 범주에 속한다는 것을 기꺼이 인정했습니다.

…

또 다른 친구 M은 약간 덜렁이입니다. 저는 이 친구도 노답 범주일 거라고 생각했는데… 괴짜 교수 같은 페르소나에도 불구하고 어디가 북쪽인지를 늘 알고 있더라고요.

얼마 전 비행기에서 30년째 민간 항공사의 조종사로 일하고 있는 분의 옆자리에 앉았습니다. 저는 당연히 그분이 '천부적 재능' 범주일 거라고, 아니면 적어도 유능한 '보이스카우트'일 거라고 생각했지만, 방향감각이 좋으시냐고 물으니 껄껄 웃으며 이렇게 대답하더군요. "우리 애들한테 물어보세요! 애들이랑 같이 길을 얼마나 많이 잃었는지. 땅 위에서는 길을 전혀 못 찾아요. 하지만 하늘 위에서는 다르죠. 모든 게 훤히 보입니다." 알고 보니 이 조종사는 걷거나 차를 운전할 때는 '노답' 범주에 속했습니다.

그래서 나침반 모자가 위치 파악에 도움이 되었느냐고요? 네, 도움이 됐습니다. 하지만 모자가 전달하는 정보를 열심히 분석해야 해요. 옛날에는… 장소를 이동할 때 제가 몸을 어떻게 움직였는지를 기억해서 제 발자취를 파악하려고 했습니다. 대다수 사람은 그보다는 시각에 더 의존합니다. 적어도 저희 가족은 그렇습니다.

저는 댄과 저희 아이들이 방에 들어갈 때마다 조명을 켜는 것이 늘 신기했어요. 희미한 주변광으로 방의 익숙한 윤곽이 어렴풋이 보이면 저는 굳이 불을 켜지 않습니다. 집 안을 돌아다닐 때 몸에서 느껴지는 느낌을 무의식적으로 기억해요. 이렇게 운동감각에 의존하는 방식은 제한된 익숙한 공간에서는 문제없이 기능하지만, 더 넓은 세상에서 길을 찾기에 좋은 전략은 아닙니다.

…

어떤 사람들은 GPS를 사용하거나 나침반을 들고 다니는 것도 제 모자만큼이나 방향감각 향상에 도움이 될 거라고 말합니다. 저는 GPS로 그리 많은 것을 배우지 못했을 거라고 생각하는데, GPS가 저 대신 전부 알아서 해 주기 때문입니다. 나침반을 사용하는 것도 도움이 되겠지만, 박사님이 앞선 편지에서 말씀하셨듯 모자가 보내는 신호, 제가 고개를 북쪽으로 돌릴 때마다 느껴지는 진동이 제가 움직이는 방향을 즉각적으로 알려 줍니다. 진동을 느끼려고 머리를 움직이기 때문에, 결국 제가 능동적인 역할을 맡게 되지요. 북쪽을 '느끼고' 싶어서 고개를 돌리는 겁니다. 요전 날에는 모자 없이 도서관이 있는 북쪽으로 걷다가 제가 진동을 기대하고 있다는 사실을 깨달았어요.

…

제 어머니는 사시는 아니었지만 눈으로 세상을 보는 방식이 저와 비슷했습니다. 근거리의 작은 디테일에 주목했고 공간 감각이 좋지 않았어요. 아마 '노답' 범주에 속하셨을 거예요. 한번은 제게 고속도로 운전이 힘들었다고 말씀하셨습니다. 자신이 어느 차선에 있었는지 헷갈리고, 차가 도로를 벗어날 것 같은 기분이 든다고요. 저도 비슷한 경험을 한 적이 있습니다.

　말년에 어머니는 늘 집을 정리하느라 바쁘셨어요. 우리 남매는 파킨슨병 때문에 휘청휘청 힘겹게 움직이는 어머니를 보고 제발 앉아 계시라고 사정했어요. 하지만 어머니는 개의치 않고 내내 꼼지락거리며, 아무 목적도 없어 보이는 집안일을 계속하셨죠.

　어머니가 돌아가시고 1년 뒤, 아버지는 47년간 살았던 집에서 나오기로 하셨습니다. 짐 정리는 놀라울 만큼 쉬웠습니다. 모든 게 제자리에 있었거든요. 어느 작은 서랍에는 신발끈만 가득 들어 있었고, 또 다른 서랍에는 클립만 가득 들어 있었습니다. 심지어 지하실에도 짐들이 질서 정연하게 분류·수납되어 있었어요.

　가끔은 어머니가 집을 그렇게 빈틈없이 정리하려 했던 것이 공간 감각이 나빠서가 아니었을까 생각해 봅니다. 어머니는 자신의 눈이 세상을 바라보는 방식 때문에 그렇게 쉬지 않고 꼼지락거리셨던 걸까요? 하지만 어머니의 배려심을 생각하면, 완벽하게 정리된 집은 어머니가 가족에게 남기기로 한 마지막 선물이었을지 모른단 생각도 듭니다.
...
　　새로운 방향을 담아,

　　　　Sue

내가 올리버에게 나침반 모자를 하나 만들어서 선물하겠다고 하자, 다음과 같은 답장이 왔다.

　　　　　　　　　　　　　　　　　2009년 5월 31일

　　수에게,

보내주신 편지, 잘 받았습니다(늘 그렇듯 푹 빠져서 읽었습니다).
　교수님의 '모자' 실험과 탐구가 어찌나 흥미진진한지, (그 모자를 선물해 주시겠다는 이메일을 받았을 때) 처음에는 "네, 주세요!"라고 외치고 싶은 마음이었습니다. 하지만 교수님의 긴 편지를 읽으면서 이 새로운 감각 탐구는—현재 교수님에게 그렇듯—대단한 도전이고, 지금 저는 (글을 쓰느라)* 완전히 사면초가에 빠져, 다른 것에

　•　그 당시 올리버는 《마음의 눈》을 쓰고 있었다.

도전할 여유가 없다는 사실을 깨달았습니다. (바라건대) 여름이 끝날 때쯤 완성된 원고를 출판사에 전달하고 마음이 훨씬 여유로워지면, 그때 나침반 모자에 도전해 보겠습니다.

...

곧 봅시다.

올리버의 말은 사실이었다. 나는 걸어서 출퇴근하며 하루에 몇 시간씩 방향감각에 골몰했다. 그리고 8개월 뒤인 2010년 2월 13일에 쓴 편지에서 모자 없이 방향을 파악할 수 있는 간단한 방법을 설명했다. 나는 사실상 해시계를 스스로 재발견한 것이었다.

화창한 날에 제가 북쪽을 파악하는 방법을 설명하려고 그림을 그렸습니다. 박사님이 그림자를 드리운 저 인물이라고 상상해 보세요. 박사님이 북반구에 있을 때, 오전이라면 그림자의 오른쪽이 북쪽이고 오후라면 그림자의 왼쪽이 북쪽입니다. 해가 머리 바로 위에 있으면 그림자가 가리키는 방향이 북쪽입니다. 이렇게나

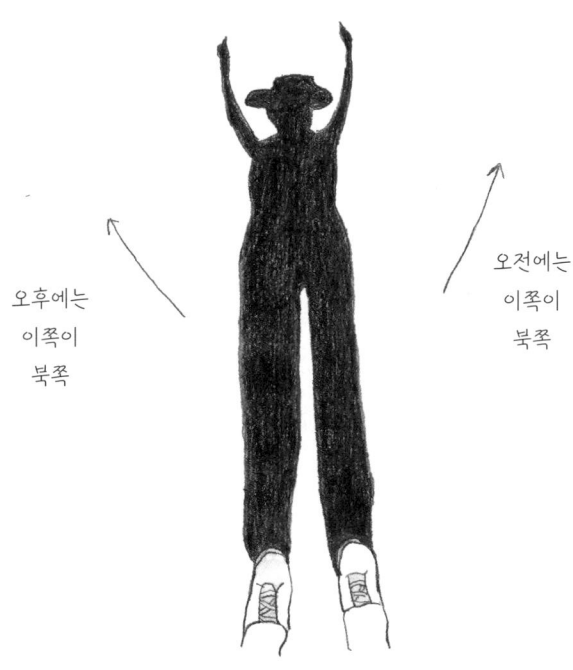

간단한데, 나침반 모자를 쓰고 몇 시간이나 걸어 다닌 후에야 겨우 알아냈네요!

모든 발걸음에 마음을 담아,

Sue

결국 나침반 모자를 선물하지는 못했지만 올리버가 계속 재미있어하며 관심을 보여서, 2010년 6월에 우리는 이 모자

에 대해 설명하는 〈북!North!〉이라는 제목의 영상을 찍어서 유튜브에 올렸다.•

• youtube.com/watch?v=til_xXzq538. 이 영상을 찍은 사람은 뎀프시 라이스Dempsey Rice다.

삶은
지긋지긋한
고난의 연속

    2009년 9월, 올리버가 전화를 걸어 자신의 친구 제럴드 (제리) 마크스의 3D 아트 회고전을 보러 오라고 했다. 제리가 전시장을 함께 돌며 스펙터클하고 입체감 넘치는 자신의 작품을 로절리와 내게 직접 소개해 주었고, 그 뒤에 나는 올리버를 만나러 그리니치 빌리지로 향했다. 그 당시 올리버는 시력과 환각에 관한 글을 쓰고 있었는데, 파킨슨병 치료제를 장복한 결과 내 어머니에게 나타난 환각에 대해 듣고 싶어 했다. 올리버의 청력이 약해지기도 했고 우리 둘 다 글을 쓸 때 생각이 가장 잘 정리되기도 해서, 편지로 그의 질문에 답하기로 했다.

  편지에서 나는 어머니가 1985년에 파킨슨병을 진단받은 뒤 뉴욕의 S 박사를 찾아갔고, 1987년부터 시네메트** 복용을 시작했다고 설명했다.

1987년에서 몇 년이 지났을 때 어머니가 환각 이야기를 했는지는 잘 기억나지 않지만, 적어도 5년은 지났을 무렵일 거예요. 부엌 싱크대 앞에 나란히 서서 설거지를 하며 뒷마당을 바라보고 있는데, 어머니가 커다란 참나무를 가리키며 남자 네 명이 나무에 앉아 있다고 말씀하셨어요. 제가 아니라고 말하자, 어머니는 곧바로 알겠다고 하면서도 어쨌든 자기 눈에는 남자들이 보인다고 하셨지요. 며칠 뒤 차에 타려고 차고로 내려갔는데, 이번에는 자동차 뒷좌석에 남자 세 명이 앉아 있다고 하셨어요. 이번에도 어머니는 그것이 사실이 아님을 아셨지만, 남자들이 두 눈에 똑똑히 보인다고 하셨어요.•

어머니의 환각 이야기를 들으며 제 머릿속에는 키가 멀쑥하고 호리호리하며 실크해트를 쓴, 만화에 나오는 것처럼 전부 똑같이 생긴 남자들의 이미지가 떠올랐어요. 지난주에 박사님과 대화를 나누기 전까지는 이 이미지에

- •• 레보도파와 카피도파가 합쳐진 파킨슨병 치료제다. 파킨슨병에 걸리면 신경전달물질인 도파민이 부족해지는데, 레보도파는 뇌에서 도파민으로 전환되며 카피도파는 레보도파가 도중에 분해되지 않도록 막아 준다.
- • 나중에 올리버는 내 어머니가 본 남자들처럼 하나의 이미지가 연이어 반복되는 것이 환각의 흔한 종류라고 설명했다.

대해 특별히 생각해 보지 않았는데, 최근에야 이 이미지가 노턴 저스터Norton Juster의 동화책《팬텀 톨부스The Phantom Tollbooth》에 나오는, 줄스 파이퍼Jules Feiffer가 그린 그림이라는 것을 깨달았답니다.**

 어머니는 환각을 그리 불편해하는 것 같지 않았고, S 박사에게 이런 증상을 알리지도 않은 것 같아요. 어쩌면 아버지에게조차 말하지 않았을지도요. 아버지는 항상 어머니 걱정에 노심초사했거든요. 어머니는 다른 증상이

  ** 3장 '언어 나라에 도착하다'에 나오는 그림으로, 언어 나라에 도착한 마일로가 키 크고 똑같이 생긴 다섯 남자에게 환영받는 장면이다.

나타날 때처럼 덤덤한 태도로 환각을 견디셨어요. "삶은 지긋지긋한 고난의 연속이란다." 어머니는 제게 종종 이렇게 말씀하셨지요.

안타깝게도 올리버 역시 "지긋지긋한 고난의 연속"이라는 말이 어울리는 삶의 단계에 접어들고 있었다. 내가 찾아갔을 때 올리버는 카키색 반바지를 입고 등산화를 신은 모습이 기운차고 강인해 보였지만(상당히 영국인스럽기도 했다) 조만간 무릎 인공관절 수술을 받으러 병원에 입원할 예정이었다. 그래서 나는, 귀뚜라미는 머리가 아닌 무릎에 달린 귀로 소리를 듣는다는 내용의 가볍고 유쾌한 편지를 보냈다. 그러나 내가 편지를 부치자마자 더 진지한 내용을 담은 올리버의 2009년 9월 29일 자 편지가 도착해 좋지 않은 소식을 전했다.

OLIVER SACKS, M.D.
2 Horatio Street, 3G
New York, NY 10014
Tel: (212) 633-8373
Fax: (212) 633-8928

9/29/09

Dear Sue,

    Thank you for your (as always, wo~~def~~ful [wonderful]) letter of a few days ago – with its thoughts on STEREO and much else – and, of course, the description of (some of) your mother's hallucinations when on medication for parkinson's – hallucinations which she recognkzed and described with such humor and detachment (and which you then empathically imaged as the imaginary creatures in YHE PP_ANTOM TOO TOLL BOOTH.

    Your letter (like almost you have writen me) wll be invaluable ~~when~~ in helping me to arrive at an amended [amended/enlarged] and enlarged version of STEREO SUE (I won't make any substantial changes – only additions), and my own story (which of course includes ' FLATLAND ', ' a world without space ' ' No room ' or whatveer I should svbtitle this part..). I fear I have now lost what little vision I had in the right eye – which, among other things, gave me some ' implict ' or uncoscious stereo in peripheral vision – because I hayd a hemorrhage into the eye on Sunday, and can see nothing but a sea of pink. I am told it will take 4-6 months to clear. So now I am truly monocular – and realize that a futher essential sort of spatial sense and orientation has disappeared – only now, in retrospect, do I realize how valuable this was .. and what you call ' confabulations ' (I think you mean ' conflations ') are more severe. I have difficulty recognizing some buildings, because ~~shadows cast by~~ things in front of them and behind them, and shafts of light and shadows, all get incoporated into a complex (and unintelligible) flat abstract. The very idea of architecture, of objects, of empty space, or solidity, seems even more eroded.. <u>Interesting to write</u> about, but unfortunate it happened... [I have, however, an exciting idea about a ' new ' book (or, rather, a different rearrangement of writings – so that one book will be entirely about HALLUCINATIONS, and the oher will cosists of ? five individual case-histories – ' Anna O '.

→ over

Pat, Two alexic witers (engel and Scribner),
STEREO SUE - and then - -- then me-
                                         juxta
So your story, and my story, will be in direct apposition.

<----------

I am taking the drafts of all these to hospital
(where I will probably be moreorless uncomscious, or stoned
on analgesics, for a couple of days) -and then (if we can
swing it with insurance) to a Rehab place - hopefully Burke -
where I may have a fair chance of quiet writing and revising,
with Kate's help. Ourthought is that the caes-history book
(TITLE UNCLEAR AS YET) can be got ito publishable shape
fairly quickly - even perhaps a month or so - and get published
(\f one is VEY lucky) next Spring... and I can then take MY
time over the larger and more complex HALLUCINATION
book.
               our
Anyhow these are thoughts at the monent...

Again, thank you, thank you for everything,

and all my love,
                                    Mon Oliver
                         (☺)
                                (nir an evrhovian
                                 an Steno Sue).

2009년 9월 29일

수에게

　며칠 전 보내 주신 (언제나처럼 멋진) 편지에 감사드립니다—스테레오 등등에 대한 교수님의 의견—교수님 어머니께서 파킨슨병 약물 치료를 시작하고 환각을 보신 것—그리고 놀라운 유머와 함께 덤덤한 태도로 환각을 인식하고 설명하신 것—또 교수님께서 그 이야기를 귀 기울여 듣고 《팬텀 톨부스》에 등장하는 가공의 인물을 떠올리신 것, 잘 읽었습니다.

　교수님의 이번 편지는 (지금까지 보내 주신 편지들과 마찬가지로) 수정하고 확장한 버전의 〈스테레오 수〉(크게 손보지는 않고 내용 추가만 할 겁니다)와 제 이야기('납작한 세상'이나 '공간 없는 세상' '공간 없음' 같은 것으로 제목을 달려고 합니다…)를 마무리하는 데 이루 말할 수 없이 큰 도움이 될 겁니다. 지금 저는 오른눈에 남아 있던 약간의 시력마저 잃게 될까 걱정하고 있습니다—이 시력 덕분에 주변시에 '암시적' 또는 무의식적 입체시가 남아 있었지요—지난 일요일에 오른눈에 출혈이 있었고, 지금은 온통 분홍색밖에 보이지 않습니다. 이 증상이 사라지려면 4~6개월이 걸린다고 하더군요.

그래서 지금 저는 완전히 단안시가 되었고—중요한 공간 감각과 방향감각이 더욱더 사라졌음을 깨닫고 있습니다—이제서야 과거를 돌이켜보며 이것들이 얼마나 귀중한 것이었는지를 깨닫습니다… 그리고 교수님께서 '혼동confabulations'이라고 말씀하신 것('혼합conflations'을 말하려고 하신 게 아닐까 생각합니다)이 더 심해졌습니다. 최근 몇몇 건물을 알아보기가 힘든데, 건물 앞에 있는 것과 뒤에 있는 것, 빛과 그림자의 변화가 전부 뒤죽박죽 섞여서 복잡하고 (난해한) 하나의 납작한 추상화로 변했기 때문입니다. 건물과 사물, 빈 공간, 입체성의 개념이 더욱더 약화되었습니다… 흥미로운 글감이기는 하지만, 이런 일이 일어나지 않았더라면 더 좋았겠지요… 그래도 기대되는 '새' 책(또는 글 재구성) 아이디어가 있습니다—한 책은 오로지 환각만을 다루고, 다른 책에는 다섯 개의 사례—'안나 O'와 팻, 실독증에 걸린 두 작가(엔젤과 스크리브너), 스테레오 수, 그리고 저—를 싣는 것이지요.

  이렇게 하면 교수님의 이야기와 내 이야기가 바로 옆에 나란히 놓이게 되겠군요.

이 원고들을 전부 병원에 가져갈 예정입니다(아마 며칠간은 거의 의식이 없거나 진통제에 취해

있겠지요)—퇴원한 후에는 (보험회사와 얘기가 잘 된다면) 재활 시설에도 가져갈 것이고요—버크재활병원이면 좋겠습니다—병원에서 케이트의 도움을 받아 조용히 글을 쓰고 수정할 수 있을 것 같습니다. 우리 생각에 다섯 개 사례를 모은 책(제목은 아직 미정입니다)은 금방 꼴을 갖추고—약 한 달 정도—(운이 좋다면) 내년 봄에 출간될 겁니다… 그런 다음에는 천천히 시간을 들여 더 방대하고 복잡한 환각 책을 쓸 수 있겠지요.
 어쨌거나 이것이 요즘 우리의 생각입니다…
 다시 한번 여러모로 감사드립니다.
  애정을 담아.

 올리버는 이 새로운 시력의 위기 앞에서도 글쓰기를 멈추지 않았다. 아주 조금도. 올리버와 케이트는 그가 세상에 전하려는 시력 이야기를 한 권이 아닌 두 권의 책에 나누어 싣기로 했다. 짧은 책(《마음의 눈》)은 나와 올리버의 이야기를 비롯한 다섯 개 사례를 담고, 더 긴 책(《환각》)은 환각에 대한 내용을 다룰 예정이었다. 올리버가 편지에서 "납작한 세상"이라고 일컬은 본인의 이야기는 《마음의 눈》에 〈잔상〉이라는 제목으로 실렸다. 편지 마지막의 끝인사에는 "모노 올리버(스테레오 수만큼 입에 착 붙지는 않지만)"라고 쓰여 있다.
 올리버는 버크재활병원에서 퇴원하고 얼마 지나지 않은 2009년

10월 18일에 작은 그림들을 곁들인 아홉 쪽 분량의 손 편지를 보내왔다. 편지에서 그는 자신의 무릎 재활 훈련과 나의 시력 훈련에 비슷한 점이 있다고 했다. 비록 올리버의 재활 훈련이 훨씬 고통스러웠겠지만 말이다. 올리버가 이 혹독한 훈련 과정을 설명하며 퉁퉁 부은 다리를 생생하게 묘사하는 동안("제 다리는 호박, 아니면 부풀어 오른 돼지 사체처럼 보입니다") 필체에 점점 힘이 빠졌고, 몽블랑 만년필의 잉크도 점점 더 번져 갔다.

Oliver Sacks, M.D.
2 Horatio St. #3G · New York, NY · 10014
TEL: 212.633.8373 · FAX: 212.633.8928
MAIL@OLIVERSACKS.COM

②

(Back to my old MontBlanc fountain pen — but ink has taken forever to dry ... and blotting-paper seems to be virtually obsolete.)

Rehab has been 'steady' (if such a term can be applied to a stepwise process, not a gradual one, etc — of course. These are qualitative steps — not just an extra 3° of flexion, but a whole different organization (like moving from a walker to a cane), and cannot even be conceived from the step one is on. I suppose this is analogous to learning, education, Vygotsky's "Zone of Proximal Development" (ZPD)

→ ③

(옛 몽블랑 만년필로 다시 돌아왔습니다—잉크 마르는 데 한세월이 걸리는군요—잉크를 흡수하는 압지는 이제 사실상 한물간 것 같고요.)

재활은 '꾸준히' 진행되고 있습니다. 점진적 과정이 아니라 계단식 과정에도 '꾸준하다'라는 말을 쓸 수 있다면 말이지요. 재활에는 질적인 변화의 단계들이 있습니다—무릎을 3도 더 구부리는 것 말고도, 몸을 완전히 다르게 써야 하는 것이지요(보행기로 걷다가 지팡이를 짚고 걷는 것처럼요). 질적 변화의 과정에서는 다음 단계를 상상조차 하기 힘듭니다.

이러한 경험은 학습과 교육, 비고츠키의 "근접발달영역"•과도 유사한 것 같군요.

• 레프 비고츠키Lev Vygotsky(1896-1934)는 근접발달영역zone of proximal development, ZPD 개념을 처음 제안한 소련의 심리학자다. 이 개념은 어린아이가 혼자서는 어떤 기술을 습득할 수 없지만, 어른이나 경험 많은 또래의 도움을 받으면 그 기술을 익힐 수 있는 발달 단계를 가리킨다. 이때 그 기술은 아이의 현재 능력 바로 너머에 존재한다.

나는 재활훈련의 각 단계, 예를 들면 보행기에 의지해 걷는 단계와 지팡이를 짚고 걷는 단계에서 몸을 완전히 다르게 써야 한다는 올리버의 말이 무슨 뜻인지 정확하게 이해할 수 있었다. 나 또한 시력 훈련을 하면서 똑같은 변화를 경험했으니까. 그래서 2009년 10월 26일에 이렇게 답장을 보냈다.

저도 시력 훈련을 받으면서 눈을 다르게 움직이는 방법을 배울 수 있었는데, 그게 가능했던 이유는 그 움직임들을 더 포괄적이고 목적이 뚜렷한 행동으로 통합했기 때문이었습니다. 많은 안과의가 제게 입체시를 얻는 것은 불가능하다고 말했던 것은 "내사시인에게 발산을 가르칠 수는 없다"** 는 이유에서였습니다. 누구도 제게 발산하는 법을 가르쳐 주지 않았어요. 그 대신 저는 융합하는 법, 점점 더 멀리 있는 사물을 바라보며 융합을 유지하는 법을 익혔지요.

올리버는 10월 18일 자 편지에서 자신과 치료사의 관계에 대해 이야기했다.

●● 내사시인은 양 눈이 안쪽으로 모인 사람을 뜻하고, 여기서 "발산"은 안으로 모인 눈을 다시 똑바로 정렬하는 것을 의미한다.

버크재활병원의 치료사들은 정말 훌륭했습니다
―그분들과의 관계는 (제가 보기에) 치료사/환자의
관계보다는 교사/학생의 관계에 더 가깝습니다. (언젠가
이 주제로 글을 쓰고 싶습니다―그동안은 거의 다루지 않았고,
《나는 침대에서 내 다리를 주웠다》에서는 재활이 대부분
'저절로' 이루어진 것처럼 묘사했을 겁니다.) 물론 교수님의
경험과 교수님의 책도, 허블과 비셀의 메커니즘[•]이
어떻게 작동하든 간에, 결국 보는 법을 배우는 것에 관한
이야기지요.

올리버의 이 말을 읽으니 한 친구의 이야기가 떠올랐다. 내가 보낸 10월 26일 자 편지는 다음과 같이 이어졌다.

버크재활병원의 치료사들이 치료사보다는 교사에 더
가깝다고 말씀하셨지요. 저도 훌륭한 치료사는 훌륭한
코치라고 생각합니다. 제 친구의 딸 K에게는 뇌성마비가
있습니다. K는 열 살이 되자 몸집이 상당히 커져서 목발을

- 시각피질 연구의 선구자인 데이비드 허블과 토르스텐 비셀은 시각피질세포의 빛 반응 특성을 알아냈으며, 그중 일부 세포는 단안 세포이지만 대부분은 양안 세포임을 증명했다.

짚고 돌아다니는 데 어려움을 겪었어요. 계속 물리치료를 받았지만 별 효과가 없었죠. 그래서 제 친구 부부는 물리치료사이자 개인 트레이너인 사람을 고용했고, 이 선택이 완전히 다른 결과를 불러왔습니다. K는 부상을 입었거나 장애가 있는 사람들은 물리치료사를 찾아가고, 돈 많고 유명한 사람들은 개인 트레이너를 집으로 부른다고 생각했어요. 결국 트레이너와 함께 열심히 운동하고 건강한 식단을 지켜서 체중을 줄였고, 하루에 1.6킬로미터씩 걸을 수 있게 되었답니다.

10월 18일 자 편지에서 올리버가 설명했듯이 무릎 인공관절 수술에는 운동 역학적 문제 외에 감각의 문제도 따라왔다.

두 발로 일어서니, 인공관절 수술을 받은 모든 환자가 그렇듯 운동 역학적 문제뿐만 아니라 감각의 문제도 느껴지더군요. 제게는 더 이상 (고유감각이나 통증을 느끼는) 관절수용기가 없는데, 생체 관절을 제거했기 때문입니다. 다리가 심하게 부어올라서 주변 조직에 있는 고유감각도 손상되었습니다—당연히 다리는 더 무거운데, 감각은 예전과 다릅니다(제 경우 1974년의 근육-신경 손상으로 감각 장애가 남아 있었습니다). 하지만

적응하겠지요—다른 수용기의 도움을 받거나, 현재 얻을 수 있는 감각 정보를 더욱 잘 활용하거나 하면서요.

로봇을 만드는 내 남편 댄이 잘 알고 있듯이, 로봇도 자신이 어떻게 움직이고 있는지에 대한 피드백이 없으면 제대로 움직이지 못한다. 그래서 나는 2009년 11월 21일 자 편지를 보내며 내 시력 훈련에서 고유감각이 어떤 역할을 했는지 설명하고, 올리버가 걸을 때 고유감각의 피드백을 강화할 수 있는 방법이 없을지 고민했다.

시력 훈련을 할 때 저는 제 눈이 세상을 보는 방식을 인지하고 양쪽 눈을 전과 다른 방식으로 움직이는 것이 <u>어떤 느낌인지</u> 배워야 했어요. 일부 사시인과 달리, 저는 제가 어느 쪽 눈을 고정하고 있는지 전혀 몰랐어요. 적녹 안경을 쓰고 입체그림을 보면서, 제가 주시안(시각 정보를 받아들일 때 주로 쓰는 눈·옮긴이)을 계속 바꾼다는 걸 깨달았고, 양쪽 눈을 동시에 '작동시키는' 느낌을 학습했죠. 하지만 가장 큰 돌파구는 브록 스트링에 달려 있는 멀고 가까운 구슬들에 두 눈을 동시에 고정하기 위해 눈을 모으고 벌리는 것이 어떤 느낌인지를 알아차리면서 찾아왔어요. 이 새로운 과제를 해냈을 때 눈에서 느껴진

감각을 반복해서 기억에 새겼고요.

　제 테니스 선생님도 운동감각을 이용해서 서브를 가르치셨어요. 제가 공을 위로 던져서 라켓으로 칠 수 있게 되자, 이 움직임의 감각에 집중할 수 있도록 두 눈을 감고 동작을 반복하게 하셨죠.

　시력/테니스 훈련 경험을 풀어놓고 있자니, 제 딸 제니가 젖먹이 아기였을 때의 사랑스러운 추억이 떠오릅니다. 제니에게 선홍색 양말을 신기고 커다란 침대에 누워 있는 댄 옆에 제니를 눕힌 뒤 방에서 나가려고 하는데, 댄이 신나서 저를 부르는 거예요. 제니가 방금 자기 발을 발견했다면서요! 버둥대던 발이 자신의 시야에 포착되자 제니는 흠칫 놀란 것 같더니, 발을 다시 시야 안에 넣고 꿈틀거렸어요. 기쁨에 겨워 까르르 웃으며 이 동작을 몇 번이고 반복했지요. 제니는 자기 발을 움직이는 행동과 그 느낌을 연결한 거였어요. 17년 뒤, 제가 두 눈을 바깥으로 벌리는 느낌과 브록 스트링에 달린 구슬에 두 눈을 동시에 고정하는 행동을 연결한 것처럼요.

　일종의 고유감각 훈련이 박사님에게 도움이 될 수도 있지 않을까요? 무릎 관절에서 입력되는 정보가 사라졌기 때문에 박사님의 체감각 피질˙은 유동적으로 변화할 수 있는 상태에 놓여 있을 겁니다. 특정 근육에 진동 자극을 주면, 체감각 피질과 운동 피질에서 무릎 관절 주변 근육의 고유감각기가 담당하는 영역이 확장되어 신체 협응력을 향상할 수 있을지도 몰라요. 어쩌면 걷는 느낌이 전과는 완전히 달라질지도 모르죠.

길게 이어진 10월 18일 자 편지에서 올리버는 다리와 눈에 장애가 생기자 자신이 사는 동네인 그리니치 빌리지를 바라보는 시각도 완전히 달라졌다고 설명했다. 또한 3차원 공간의 인식 불능과 오른쪽 공간의 인식 불능 사이에서 유사점을 발견하기도 했는데, 두 증상 모두 오른눈의 시력을 상실한 결과였다.

(수술받고 18일이 지나니) 아직 조심스럽긴 하지만 지팡이를 짚고 제법 안정적으로 걸을 수 있습니다―실내에서, 그것도 허락을 구해야 하지만요. 번잡한 허레이쇼 스트리트로 나가고 싶을 땐 다른 사람의 도움을 받아야 합니다. 문자나 핸드폰 통화에 정신이 팔려 부주의한(감각 정보가 차단된) 사람들로 바글바글하기 때문입니다. 상점이나 문간에서 불쑥 튀어나오는

- 체감각 피질 somatosensory cortex은 고유감각과 촉각, 체온, 통증 등 신체 전반의 감각 정보를 처리하는 뇌 영역이다.

사람들에—개 목줄을 길게 푼 사람들까지—때로는
벌레처럼 자그마한 개들이 서로를 혐오하면서 하전
입자처럼 최대한 멀리 떨어지려고 해서, 목줄이 꼭 덫으로
쳐 놓은 철선처럼 180도로 벌어집니다.

　게다가 상황이 훨씬 (훨씬!) 안 좋은 것이, 오른눈의
시력을 완전히 상실해서 그쪽 시야가 통으로(50~60도
정도) 사라졌습니다. 미약하게 남아 있던 주변시가 얼마나
중요했는지를 이제야 깨닫습니다. 주변시는 '조악한'
입체시에도 중요한 역할을 했지만, 넓게 펼쳐진 (2차원)
시공간의 인식과 개념에도 아주 중요한 것이었더군요.
　요즘 오른쪽에서 '난데없이 나타나는' 사람들(그리고
사물들) 때문에 계속해서 깜짝깜짝 놀라고 있습니다.
예를 들어 저는 케이트와 함께 엘리베이터에 탔다가
케이트가 보이지 않아서 당황하기 시작합니다—케이트가
경비원과 대화 중이거나 우편함을 확인하러 갔다고
생각하지요—그러다가 케이트의 목소리가 들리면
케이트가 내 시야를 벗어난 오른쪽 공간에 있다는
사실을, 내 오른편—시야에서 빠진 부분 혹은 '보이지
않는' 부분에서 나와 함께 엘리베이터에 타고 있음을

깨닫습니다. 그러나 케이트가 놀라는 지점은 제가 본인을 못 본다는 점이 아니라—그건 당연하지요—본인이 옆에 있을 거라고 생각하지(또는 상상하지) 못한다는 점에 있습니다—이런 점에서 주변시 결손은 이상하게도 중심시 결손(부분적 반측맹)과 유사합니다—"눈에서 멀어지면 마음에서도 멀어진다"라는 말은 대개 사탕을 숨겨놓지 않으면 결국 먹게 된다는 의미로 쓰이지만—제 상황에도 똑같이 (더욱 극적으로) 적용됩니다—시야(시각적 영역)가 사라지면 '정신적' 영역, '마음의 눈'도 함께 사라집니다. 우리는 이 사실을 머리로 깨닫고(교수님이 대학 시절 입체시의 결손/결핍을 깨달을 수밖에 없었듯이) 이에 적응할 수 있습니다(보이지 않는 쪽으로 고개나 눈을 돌려서—단안 단서를 사용해서요). 그렇게 해야만 하지요(안 그러면 큰 곤경에 빠질 테니까요)—하지만 그건 그저 머리로 이해한 것, 또는 (이편이 더 나은데) 행동을 수정한 것일 뿐입니다. 제가 보기에 입체시 상실로 인한 3차원(의 감각)의 상실은 (급작스러운) 한쪽 시력의 상실로 인한 '오른편'의 상실—일종의 편측 무시나 편측 실인증—과 유사한 것 같습니다.

   터무니없이 긴 편지를 쓰고 말았네요—통증 때문에 말이 장황하게 늘어지는 것도 있지만—현재 제가 가장 좋아하는 편지 친구가 교수님이어서 그렇습니다.

소파 위의
생명체들

올리버는 이 세상 모든 생명체 중에서 두족류, 즉 앵무조개와 오징어, 문어, 갑오징어를 가장 좋아했다. 다리와 촉수가 많다는 점에서 두족류의 몸은 인간의 몸과 매우 다르지만, 커다란 두 눈과 뇌가 있다는 점에서는 우리와 똑같다. 몇 년 전 올리버에게 두족류 봉제 인형을 선물한 적이 있었는데, 그 잘생긴 주황색 오징어가 올리버의 거실 소파에 기대어 앉은 모습(오징어가 '기대어 앉을' 수 있다면 말이지만)이 종종 눈에 띄곤 했다. 그래서 올리버가 재활 병원에 입원해 있던 2009년 10월, 나는 또 다른 두족류 봉제 인형을 선물로 보냈다. 이번에는 파란색 문어였다.

단단한 새 관절을 얻은 박사님에게 이따금 문어가 되고 싶은 순간이 있을지도 모르겠다고 생각했습니다. 문어의

몸에서 유일하게 단단한 부위는 입안에 있는 부리입니다. 이 녀석들은 몸이 아주 유연해서 좁은 구석이나 틈새로 파고들 수 있고, 무엇보다 하루 종일 물에서 헤엄칠 수 있지요.

올리버는 답장을 보내 오징어가 그간 참으로 외로워했고, 새 친구를 만나 몹시 기뻐한다고 전했다. "언젠가는 복슬복슬한 세피아˚가 합류할지도 모르지요."

- 세피아Sepia는 갑오징어속의 학명이다. 과거에는 갑오징어의 먹물에서 갈색 색소를 뽑았기 때문에 적갈색에 세피아라는 이름이 붙었다.

강철 신경

올리버의 곤경은 그걸로 끝이 아니었다. 그가 2009년 12월 1일에 쓴 다음번 편지는 글씨가 매우 삐뚤빼뚤하고 한쪽으로 쏠려 있었다.

지금은 짧은 감사 인사만 겨우 전할 수 있습니다. 자리에 앉으면 통증을 견딜 수 없고, 서 있는 것도 10분이 최대인 데다, 누워서 쓴 글씨는 알아보기 힘들어서요. 무릎 수술을 받지 "않은 쪽"이 문제입니다. 걸음걸이와 자세의 비대칭 때문에 수술을 받지 <u>않은</u> 쪽에 고통스러운 좌골신경통이 생겼습니다. 날마다 통증이 심해지고 있고, 지금은 그쪽 다리에 감각과 운동신경마저 사라졌어요. 그래서 다음 주 목요일에 또 다른 수술—척추관 확장술

등―을 받아야 합니다. 연달아 수술을 받고 전신마취를
해야 하는 것이 마음에 안 들지만 별다른 도리가 없군요.

> I can only make a short acknowledgement
> now, because sitting is intolerable, standing
> limited to ten minutes, and my writing,
> when lying down, illegible. The "other side"
> of my knee replacement, and the consequent
> asymmetries of gait & posture etc., has
> been an excruciating 'sciatica' on the other side,
> worse every day, & now with some sensory &
> motor-loss in the other leg. So I have
> to have surgery — a laminotomy etc —
> and both is scheduled for next Tuesday.
> I don't like the idea of one surgery on
> top of another, or general anaesthesia, but I
> really have no choice ⟶

올리버에게 연이어 불운이 닥쳤다는 소식을 들으니 성서에 나오는 욥이 떠올랐다. 그러나 그는 이 와중에도 케이트와 사무보조원 헤일리 보이치크의 도움을 받아 계속해서 편지를 쓰고 《마음의 눈》 집필을 끝마쳤다. 그리고 내게 곧 원고를 보내주겠다고 했다.

나는 어떤 편지를 써야 올리버가 기운을 낼 수 있을지 몰라 막막해하고 있었다. 그러다 그가 일상생활을 방해하는 좌골신경통과 사투를 벌이고 있다는 말에, 내가 익히 아는 한 희망적인 이야기가 떠올랐다.

2009년 12월 11일

올리버에게,

이번 수술로 통증이 가라앉았기를, 점차 더 활동적인 삶을 되찾을 수 있기를 바랍니다. 지난번 편지에서 좌골신경통으로 고생하고 계시단 말씀을 들으니 10년 전에 있었던 한 해피엔딩 스토리가 떠올랐어요.

제 어머니는 골다공증이 심하셨습니다. 손목과 어깨가 여러 번 부러졌고 갈비뼈는 열네 번 부러지셨어요. 하지만 가장 심각한 부상은 척추 압박골절이었습니다. 이 골절을 두 번 겪고 나자 거동이 완전히 불가능해졌습니다.

마비가 온 것은 아니었지만 어떻게 움직여도 통증이 극심했어요. 등을 대야만 편안하게 누울 수 있었습니다. 조금이라도 움직일라 치면 다리에 경련이 일었고, 근육이 강철 덩어리처럼 딱딱하게 수축하면서 참을 수 없는 통증이 밀려왔습니다. 어머니는 5개월간 침대에서 꼼짝도 못 하셨어요. 제가 기저귀를 갈아 드려야 했죠. 힘든 시간이었습니다.

    아버지와 저는 어머니를 모시고 부모님이 계신 코네티컷 시내는 물론 뉴욕시에 있는 의사들까지 여럿 찾아다녔지만 누구도 옥시콘틴 처방 외에 다른 방법을 알지 못했습니다. 병원을 찾아가는 것은 쉽지 않은 여정이었는데, 어머니를 들것에 눕히고 앰뷸런스로 이동해야 했기 때문입니다. 우리가 열세 번째로 찾아간 의사는 통증 전문의였습니다. 아이러니하게도 그 병원은 사무실 건물 2층에 있었고 들것이 들어갈 수 없을 만큼 엘리베이터가 작았어요. 어쩔 수 없이 어머니를 휠체어에 앉혀야 했고, 결국 경련이 일어났습니다. 어머니는 이 모든 상황을 꿋꿋하게 견디셨어요.

    그렇게 만난 통증전문의는 산만하고 무관심해 보였지만, 다행스럽게도 혼잣말을 하는 습관이 있었습니다. 그 의사가 이렇게 중얼거리는 소리가 들렸어요. "압통점, 에피듀럴, 보툴리눔 톡신." 의사는 별 효과 없는 처치를 하고 몇 주 뒤에 다시 오라고 했습니다. 그러나 무자비한 통증에 시달리는 제 어머니 같은 사람에게 몇 주는 영겁과도 같은 시간입니다. 우리는 좌절감과 실망, 허탈함을 느끼며 병원에서 나왔습니다.

저는 어머니를 다시 집에 모셔다 드리고 매사추세츠로 돌아가는 기차에 올라 병원에서의 일을 돌이켜 생각해 봤습니다. 보툴리눔 톡신 생각이 머릿속을 떠나지 않았어요. 보톡스[•]가 신경근 전달을 차단한다면, 적절한 곳에 주사해서 근육 경련을 억제함으로써 신경을 회복할 수 있지 않을까? 통증전문의의 병원에 전화해 봤더니, 유능한 접수원이 이 의사는 보톡스 시술 면허가 없지만 근방의 재활전문의인 F 박사에게는 면허가 있다고 알려 주었습니다. F 박사의 병원에 전화하자 자동응답기로 넘어가서, 저는 메시지를 남기고 핸드폰을 집어넣은 뒤 두 눈을 감고 잠을 청했습니다.

몇 분 뒤, 저는 자책 중이었습니다. 그 시절에 병원에 전화해서 메시지를 남길 때 저는 보통 이런 식으로 말했습니다. "저는 수 배리 박사인데요. 환자 에스텔 파인스타인에 관해서 연락 드렸습니다." 결코 틀린 말은 아니었지만 상대를 속이려는 의도가 있었죠. 제게

• 보툴리눔 톡신의 또 다른 이름이다.

박사 학위가 있기 때문에 스스로를 "박사"로 칭할 수 있긴 해도 보통은 잘 그러지 않습니다. 하지만 의사들이 저를 의학박사로 오해하면 바로 전화 올 확률이 더 높아지더군요. 그런데 F 박사의 자동응답기에 메시지를 남길 때는 그냥 제 이름을 소개하고 어머니 때문에 전화 드렸다고만 말했던 겁니다.

기차를 타고 달리는 동안 그해 겨울에 몇 번째일지도 모를 눈이 또다시 내려서, 집에 도착하자마자 눈을 쓸면 기분이 좀 나아질지도 모른다고 생각했습니다. 진입로에 쌓인 눈을 절반 정도 치웠을 때, 집 안에 있던 딸아이가 전화가 왔다고 소리쳤어요. 자동응답기로 메시지를 받아 두라고 했지만, 제니는 집 전화기가 아닌 제 핸드폰으로 전화가 왔다고 했습니다. 당시 제게 핸드폰은 아직 낯선 것이었고, 제 전화번호를 아는 사람은 극소수였습니다. 저는 눈삽을 내려놓고 전화를 건 사람이 그 의사이길 바라며 집으로 들어갔습니다.

정말 그 사람은 F 박사였어요. 저는 제 어머니의 상황을 설명하며 보툴리눔 톡신이 도움이 될 거라고 생각하는지 물었습니다. F 박사는 보톡스를 그런 식으로 써 본 적은 없지만 한번 해 보겠다고 했습니다. 제가 어머니를 어떤 식으로 병원에 옮기는지 설명하기 시작하자 F 박사는 제 말을 끊고 어머니를 오시게 할 생각은 없다고 말했습니다.

자신이 직접 부모님 집으로 가겠다면서요.

이틀 뒤, F 박사가 사람을 살리는 독이 가득 든 주사기로 무장하고 부모님 집을 찾아왔습니다. 그리고 경련이 시작되는 부위에 보톡스를 수차례 주사했습니다. 일주일 뒤 아버지가 전화를 걸어 와서 경련 횟수가 줄었다고 말씀하셨어요. 다시 1~2주가 지나자 경련은 완전히 사라졌습니다. 어머니는 서서히 허리를 세워 앉고, 서고, 걸을 수 있게 되셨어요. 파킨슨병을 앓고 계셔서 걷는다 해도 보행기에 의지해 집 안을 천천히 걸어 다니는 것뿐이었지만 그 정도로도 충분했습니다. 그 뒤로 경련과 통증은 한 번도 재발하지 않았어요.

이제 이 이야기의 에필로그로 접어듭니다. 저는 강의할 때 학생들의 집중도를 높이려고 보통 짧은 이야기를 집어넣습니다. 그래서 신경생물학 수업 시간에는 신경전달물질이 방출되는 방식과 보톡스의 작용 기전을 가르칠 때 저희 어머니의 보톡스 이야기를 들려주죠. 그러면 학생들이 귀를 쫑긋 기울이는 것이 느껴집니다. 그리고 나중에 시험지 답안을 보면 모든 학생이 한 명도 빠짐없이 신경전달물질의 방출과 보톡스의 작용을 정확히 이해하고 있어요. 물론 제가 쓰는 이 전략은 박사님 책에서 배운 것이랍니다. 흥미진진한 이야기만큼 좋은 교수법은 없지요.

쾌유를 빕니다!

애정을 담아,

Sue

    올리버에게 '격려' 선물이 필요해 보일 때, 그리고 내게 더 이상 선물할 만한 갑각류 봉제 인형이 없을 때, 나는 음악과 관련된 물건을 보냈다. 《바이올린 꿈》과 피아노 가르치는 일에 관한 트리시아 턴스털의 멋진 책 《한 음 한 음 Note by Note》을 선물한 뒤, 이번에는 글렌 굴드가 바흐의 골드베르크 변주곡을 연주하는 아름다운 DVD를 보냈다. 올리버는 이렇게 답장했다.

  "굴드가 골드베르크 변주곡을 다시 연주하는 DVD를 보고, 듣고, (교수님처럼) 완전히 압도되었습니다. 굴드의 열정과 환희가 보입니다(굴드의 즉흥성과 유머 감각—변주곡 사이사이의 매력적인 손동작까지—정말 멋지네요!)."

  2009년 크리스마스 이브에 나는 로절리, 템플 그랜딘과 함께 올리버의 아파트를 찾았다. 올리버는 깜짝 놀랄 만큼 여위어서, 레스토랑을 운영하는 한 친구가 매일 밤 고칼로리 음식을 보내 줄 정도였다. 그는 좌골신경통이 너무 극심해서 자살까지 생각했다고 했다. 내 어머니처럼 올리버의 통증도 신경 압박이 원인이었고 아편성 진통제가 잘 듣지 않았다. 올리버는 자기 담당의에게 내 어머니의 보툴리눔 독신 이야기를 꺼냈지만, 담당의는 시간이 지나면 통증이 가라앉을 거라고 장담했다. 그리고 마침

내 고통이 사라지고 있었다. 이제 부엌 타이머를 맞춰 놓고 10분 간 자리에 앉아 있는 것이 가능했다. 비록 그러고 나서는 내내 집 안을 천천히 돌아다니거나 침대에 누워 있어야 했지만 말이다. 그런데도 우리는 함께 식사하며 대화를 나눌 수 있었고, 나는 올리버의 체력과 끈기가 정말 대단하다고 생각했다. 그는 글쓰기와 원고 수정도 멈추지 않았다. 헤어지면서 올리버는 곧 출간될 《마음의 눈》 가운데 본인 이야기가 담긴 챕터의 원고를 내게 들려 보냈다.

그날 기차를 타고 집에 돌아오던 길이 기억에 남아 있다. 올리버의 글을 읽고 있어서이기도 했지만, 칸을 옮겨 다니며 표를 회수하는 승무원이 낮고 부드러운 목소리로 〈크리스마스엔 집에 돌아갈 거예요〉를 부르고 있었기 때문이다. 그러나 승무원의 기쁨 앞에서 올리버가 자신의 상실을 묘사한 글을 읽고 있자니, 나는 점점 더 슬퍼졌다. 이제 올리버는 오른쪽의 넓은 공간을 볼 수도, 심지어 인식할 수도 없었고, 오로지 꿈을 꾸거나 약에 취했을 때만 세상을 입체적으로 볼 수 있었다(올리버는 대마초를 언제나 학명인 카나비스cannabis라고 칭했다). 꿈과 약. 이 두 가지가 내 흥미를 자극했다. 나도 처음 입체시를 경험했을 때 환각 상태에 빠진 듯한 느낌이 들었고, 최근 읽었던 책의 한 구절이 떠올랐기 때문이다. 그래서 2009년 12월 28일 자의 다음번 편지에 이렇게 썼다.

헉슬리의 《지각의 문》을 읽다가, 그가 메스칼린에 취한 상태에서 다양한 사물을 묘사한 부분을 보고 정말 깜짝 놀랐습니다. 헉슬리가 묘사한 사물들이, 제가 처음 3차원으로 보고 크게 충격받은 사물들과 정확히 일치해서요. 헉슬리는 꽃병에 담긴 꽃, 의자의 다리, 바지의 접힌 자국을 이야기합니다. 저도 식물과 꽃의 단단함, 의자가 공간 속에 놓인 모습, 가족들의 겨울 코트에 남은 풍성한 주름과 홈에 매료되었었지요.

다시 돌아온
'스테레오 수'

그로부터 한 달 뒤인 2010년 1월 30일, 올리버에게 긴 편지를 보내 《마음의 눈》에 실릴 예정인 〈스테레오 수〉에서 네 문장을 수정해 달라고 부탁했다. 올리버가 처음 이 글을 쓸 때도 이미 논의한 문제였다. 그는 내가 성인이 된 후 입체시를 습득할 수 있었던 이유가 어렸을 때 짧게나마 몇 번 입체시를 경험했기 때문일지도 모른다고 추측했다. 나는 4년 전에 했던 주장처럼 어린 시절의 짧았던 입체시 경험이 중년에 입체시를 습득한 것에 그리 결정적인 영향을 미치지는 않았을 거라고 말했다. 유아기에 사시가 생긴 사람을 비롯해 거의 모든 사람이 아마 태어날 때부터 양안시와 입체시 회로를 지니고 있을 것이다. 그러나 사시 때문에 두 눈의 초점을 같은 위치에 조준하지 못하면 이 회로는 억압된다.

"제 생각에 [어린 시절의] 이 입체시 경험은 제게 늘 입체시를 습득할 잠재력이 있었고, 그 잠재력을 끌어내기 위해서는 두 눈을 제대로 정렬할 필요가 있었다는 사실을 보여 줍니다."

며칠 뒤인 2010년 2월 4일, 올리버에게서 답장이 왔다.

교수님의 (탁월한!) 편지를 이제 막 읽고 (제대로 된 편지지도 없이) 서둘러 답장을 보냅니다.

편지는 노란 리갈패드 종이에 쓰여 있었다.

교수님 주장에 전부 동의하고, 이렇게 깊이 고민해 주셔서 매우 감사드립니다… (한 가지 사소한 점을 제외하고) 제안해 주신 내용을 모두 반영하겠습니다.

그렇다면 "한 가지 사소한 점"은 무엇일까? 올리버에게 단어는 무척 중요하고 강력한 것이었다.

(그 한 가지 사소한 점은 바로 "정렬하다"라는 뜻으로 사용된 "posture"라는 단어입니다. 교수님이 여러 차례 쓰시고, 또 제게도 권하신 단어이지요.) 이 단어를 대신할 다른 단어를 찾아보겠습니다. (제가 나이 많은 영국인이어서 그럴지도 모르겠지만) 제게 이 동사는

거짓되게 행동하고 가식적으로 군다는 의미가 훨씬 큽니다—"사칭imposture"이라는 단어와 가깝달까요. 전문적인 측면에서는 교수님의 단어 선택이 옳겠지만, 저는 이런 느낌의 단어를 차마 사용할 수 없습니다.

그렇게 올리버는 "posture"를 "position"이라는 단어로 대체했다.

세슘과
바륨 생일

    2월 20일인 내 생일 하루 전날, 올리버가 노란색 리갈패드 종이에 편지를 써서 보냈다.

2010년 2월 19일

    수에게,

    제 지인들 생일이 거의 다 이맘때 몰려 있어서 요즘 선물로 원소를 보내 주려고 열심히 노력하고 있습니다(빌리의 마흔아홉 번째 생일 선물로 인듐 한 덩어리를, 제 형수의 예순아홉 번째 생일 선물로 작은 툴륨 조각을 준비해 두었지요.) 교수님의 쉰다섯 번째 생일 선물로 세슘을 보내 드릴 수 있으면 참 좋을

Dear Sue,

Almost everyone I know is having a birthday around now, and I have tried to send people their birthday element (so I got an ingot of indium for Billy's 49th, and a pebble of thulium for my sister-in-law's 69th). I wish I could send you some caesium for your 55th — it is, at room temperature, a pale golden liquid — like golden mercury — but it is also the most dangerous element to have around if it gets loose — it catches fire instantly, burns with a cerulean flame and ~~if you touch~~ it throws water cause a violent explosion, and (the oxygen of) saved only fuel its fury. And caesium metal and twist any pure caesium minerals —

So no caesium this year — but bargeful next year.

Happy Birthday!

love,
ous

(circled:)
You would need
a fire-extinguisher
full of argon

PS I, now, discover, in fact, that you were born in '54 (I think the summer of 1954-55 seduced me).

텐데요—세슘은 상온에서는 옅은 금색의 액체 형태를 띠는데—금색 수은처럼요—노출되면 가장 위험한 원소 중 하나이기도 합니다—즉시 불이 붙어서 푸른색 불꽃을 내며 타오르지요. 물을 끼얹으면 격렬하게 폭발하고, 모래를 뿌리면(모래에 들어 있는 산소 원자 때문에) 불길이 더욱 활활 타오릅니다. 순수한 세슘 광물은 드물기도 하고요.

　이러한 사정으로 올해는 세슘을 드릴 수 없지만, 내년에는 꼭 바륨을 보내드리겠습니다.

　생일 축하드립니다.

　　마음을 담아,

　　　올리버

(이 불길을 끄려면 아르곤이 가득 든 소화기가 필요합니다.)

　추신. 지금 막 알게 된 사실인데, 교수님은 1954년에 태어나셨군요(55라는 숫자의 대칭성에 마음이 끌려 1955년생으로 착각했나 봅니다).

　나중에 올리버는 광물학자인 친구를 통해 반투명하고 푸른 빛을 내는 각기둥 모양의 아름다운 중정석(황산 바륨) 결정체 세 개를 내게 보내 주었다. 이 바륨들은 나의 암석 및 광물 수집품 중에서도 유독 소중한 아이들이다.

우정의
미적분학

2010년 4월 19일

올리버에게,

저는 4월 첫째 주에 캠핑과 고래 구경을 하러 멕시코 바하에 갔다가 로스앤젤레스에서 몇 차례 강연을 했습니다—그리고 《우정의 미적분학The Calculus of Friendship》*도 읽었습니다.

   책은 여러모로 마음에 들었습니다. 무엇보다 두 인물이 박사님과 저처럼 편지를 통해 우정을 쌓는 과정이 마음에 들었어요. 그리고 수학도 좋았어요—어떤 것은 종이

* 이 책의 저자는 스티븐 스트로가츠Steven Strogatz다.

위에 연필로 직접 풀어 보기도 했답니다. 피보나치와 푸리에 급수를 읽고 있자니 옛 친구를 다시 만난 듯한 기분이 들었습니다. 사실 제가 댄과 처음 나눈 대화가 바로 푸리에 변환에 관한 것이었어요. 그때(1976년) 저는 푸리에 분석을 하나도 몰라서, 댄이 전부 설명해 주었죠. 그 모습이 어찌나 진지하고 열정적이고 자상했는지 저는 그 자리에서 곧바로 댄에게 반해 버렸고, 파형과 수학 기호로 뒤덮인 작은 종이 쪼가리를 그 뒤로도 계속 간직했답니다.

그로부터 34년이 흐른 뒤, 저는 LA 공항에 앉아 스트로가츠의 책을 읽으며 푸리에 급수를 배우고 있었습니다. 수학을 잘하는 제 딸이 옆에 앉아 있어서, 해당 챕터를 보여 주며 나도 한때는 다른 종류의 급수인 테일러 급수에 푹 빠져 있었지만 이제는 잘 기억나지 않는다고 말했죠. 그러자 스트로가츠의 책 내용처럼 학생과 교사의 자리가 뒤바뀌었습니다. 제니가 제게 사인과 코사인 함수의 테일러 전개를 설명해 주면서, 이 전개가 복소지수함수(e^{ix}) 및 오일러 공식과 어떻게 연결되는지를 다시 이해할 수 있게 도와준 거예요.

여행하는 내내 스트로가츠의 생각이 제 경험을 물들였습니다. 그가 광범위하게 정의한 공감의 의미가 마음에 쏙 들었어요(13쪽). 고래를 만났을 때 우리는 그저 고래에게 공감하기만 한 것이 아니라, 고래도 우리에게 공감하고 있다는 뚜렷한 느낌을 받았습니다. 우리 눈앞에 있는 고래들이 대부분 어미와 새끼라는 사실 때문에 그런 느낌이 더더욱 강해졌어요. 어미와 새끼는 거의 서로 닿을 만큼 꼭 붙어서 나란히 헤엄치고 있었습니다. 지친 아기 고래가 어미 고래의 널따란 등 위에서 쉬고 있는 장면도 보았답니다. 그렇게 거대하고 든든한 엄마를 갖고 싶지 않은 생명체가 어디 있겠어요?

쇠고래는 태어날 때 몸무게가 317킬로그램입니다. 그리고 생후 2주 동안 어미의 젖을 양껏 먹으며 한 시간에 1.3킬로그램씩 몸무게를 찌우죠. 고래의 젖은 지방이 50퍼센트라, 아이스크림보다도 훨씬 기름진 영약입니다. 갓 태어난 고래는 거대하긴 하지만 그래도 아기는 아기입니다. 그래서 그 커다란 아기 고래가 우리가 탄 배 쪽으로 다가올 때마다, 다들 아기에게 말하듯 목소리를 한껏 높여서 "아가 이리 온! 옳지!" 하고 외쳤어요. 고래들은 우리의 외침을 좋아하는 듯했고, 한 어미는 쓰다듬어 달라며 자기 새끼를 배 쪽으로 슬쩍 밀어 올리기도 했습니다. 아기 고래의 피부는 촉감이 꼭 껍질을 벗긴 촉촉한 삶은 달걀 같았어요.

박사님과 쇠고래는 서로에게 깊이 공감할 수 있을 거예요. 쇠고래는 눈이 머리 양옆에 달려 있어서 아마도 양안시가 없을 것으로 보입니다. 이 쇠고래들은 커다란 고개를 옆으로 돌려서 우리를 똑바로 바라보았어요. 수면 위로 뛰어오른 뒤에는 보통 몸 오른쪽으로 떨어져서, 그동안에는 오른쪽 눈의 시력을 사용하지 못합니다. 제 오빠에 따르면,《모비딕》에서 멜빌은 향유고래가 소심하다고 말하면서 그러한 성격은 눈이 달린 위치와 그 눈으로 세상을 바라보는 방식 탓이라고 설명했다네요.

…

박사님이 더 좋은 컨디션으로 글쓰기에 열중하실 수 있기를 바랍니다. 거의 집에 계셔야 할 테니, 제가 바하반도에서 주운 조개(녹껍질대양조개인 것 같아요)껍질을 동봉합니다. 보시면 아시겠지만 바하반도의 조개껍질은 매우 두껍고 단단해요. 안에는 작은 깜짝 선물도 들어 있답니다.

한 글자 한 글자 마음을 담아,

Sue

- 그 깜짝 선물은 멕시코 해변의 매끄러운 자갈이었다.

2010년 5월 4일

수에게,

(언제나처럼) 근사한 편지(4월 19일 자)에 감사드립니다―교수님은 편지를 참 잘 쓰십니다―모든 편지에 새롭고 신선한 것이 담겨 있어요.
   진심으로, 교수님이 스트로가츠에게 편지를 보내보면 어떨까요―스트로가츠는 재능도 무척 뛰어나지만 매우 따뜻하고 다정한 사람이기도 합니다―교수님의 개인적 감상을 전하는 것이지요. 교수님은 스트로가츠의 이상적인 독자입니다.
   …
아름다운 조개껍질과 그 안의 깜짝 선물까지, 감사히 잘 받았습니다―스트로가츠에게 편지 꼭 쓰세요.

올리버의 제안 덕분에 나는 실제로 스티븐 스트로가츠에게 편지를 보냈고, 강연차 코넬대학을 찾았을 때 그의 사무실을 방문했다. 우리는 그의 책 《우정의 미적분학》과 《동시성의 과학, 싱크》에 대해 이야기했고 각자가 올리버를 만나게 된 사연을 나누었다.

듣는 법을
배우기

올리버가 자기 환자에게서 가르침을 얻었듯이 나도 내 학생들에게서 가르침을 얻었다. 그 내용을, 그중에서도 특히 감각 장애를 극복한 학생들의 이야기를 올리버에게 전했다.

2014년 10월 11일

올리버에게,

…

몇 주 전, 제 학생인 P가 하나로 높이 묶은 머리를 찰랑거리며 제 사무실로 들어왔습니다. 저는 이렇게 말했어요. "기분 좋아 보이네. 헤어스타일도 평소랑 다르고." P는 청각 장애가 있고, 보통 머리카락으로 귀를 덮어서 보청기를 가리곤 했습니다. 그런데 이날은 머리카락을 뒤로 묶었고 귀에 낀 보청기도 보이지 않았죠. 보청기는 어떻게 했느냐고 물으니 P가 순식간에 귀 안에서 작은 물체를 꺼내서 보여 주며 귓바퀴에 걸치는 부분이 투명하다고 알려 주었습니다. P가 보청기를 다시 귀에 끼우자 겉으로 드러나는 부분이 사라진 것처럼 보였어요. 하지만 P의 삶에서 개선된 것은 겉모습뿐만이 아니었습니다.

"저는 기술이 좋아요." P가 말했습니다. "보청기 기술이 나날이 발전하고 있어요. 덕분에 처음으로 소리가 어디에서 나는지를 파악할 수 있게 됐죠. 이제는 더 이상 이럴 필요가 없어요"—그러더니 P는 눈을 휘둥그레 뜨고 누가 봐도 숙달된 동작으로 고개를 휙휙 돌리며 주위를 훑었습니다. "이제는 귀에 소리가 들릴 때 그 소리를 찾을 필요가 없어요. 어디서 난 소리인지 그냥 알아차릴 수 있거든요." 저는 정말 대단하다고 생각했습니다—더 좋은 청각 정보가 입력되자마자 P가 소리의 위치를 파악하는 새로운 능력을 개발한 것이요. 아마도 새로운 정보를 통해 어느 쪽 귀에 소리가 먼저 도달하는지를 구분할 수 있게 된 것 같았습니다.

내게 크나큰 영감을 준 학생 중 한 명인 조흐라 담지는 열두 살에 인공와우를 이식받을 때까지 아무 소리도 듣지 못했다. 열두 살은 처음으로 듣는 법을 배우기에는 꽤 늦은 나이였다. 어느 날 조흐라가 과제를 제출하러 내 사무실에 들렀을 때, 나는 약간 머뭇거리며 네 이야기를 들려줄 수 있느냐고 물었다. 조흐라는 기꺼이 그렇게 해 주었다. 우리는 긴 대화를 나누었고, 나는 2010년 4월 19일에 올리버에게 이렇게 편지를 썼다.

이틀 전, 제 학생인 조흐라와 긴 대화를 나누었습니다. 조흐라는 태어날 때부터 아무 소리도 듣지 못하다가 열두 살에 인공와우를 이식받았습니다. 처음으로 인공와우의 전원을 켰을 때, 조흐라는 소리를 소리로 인식하지 못하고 두렵고 불쾌하고 불안한 느낌으로 감지했습니다. 며칠간은 전원을 켤 때마다 이런 무서운 감각을 느꼈다고 해요. 하지만 결국 조흐라는 그 느낌을 받아들였습니다. 그리고 서서히 이 감각을 예상하면서 의미 있는 소리로 해석하기 시작했습니다.

저는 "받아들였다"는 표현이 인상 깊었습니다. 지각 능력이 크게 향상되는 경험을 하는 사람이라면 누구나 어느 정도의 불편함과 불확실함, 혼란을 견디는 법을 배워야 한다고 생각하기 때문입니다. 의료진과 치료사,

가족, 친구들의 도움이 없다면 그 사람은 변화를 허용하지 않을 수도 있습니다. 최근 한 검안사가 제게 말하길, 약시가 있는 젊은 남성 환자가 시력 훈련을 받고 있는데 학교에서는 입체시를 사용하지 않으려고 한다더군요. 그 환자는 학교에서 시험공부를 하는 동안에는 새롭게 배운 방식으로 앞을 보려고 하지 않았습니다. 하지만 방학을 맞이해 집으로 돌아가니, 세상이 그의 눈앞에 3차원으로 튀어나왔다고 해요.

조흐라는 자신이 제일 처음 인식한 소리가 자동차 엔진 소리와 사람 목소리였다고 했습니다. 남자 목소리와 여자 목소리를 구분하는 데는 한두 달이 걸렸지만요. 이건 박사님이 좋아하실 만한 이야기인데, 조흐라가 소리를 듣고 처음 인식한 단어는 바로—바나나였습니다! 처음에 조흐라는 음절의 개수와 특색을 통해 단어를 식별했다고 해요. 바나나와 소리가 비슷한 영어 단어는 그리 많지 않죠!

어떤 소리가 유독 놀라웠느냐고 묻자, 조흐라는 종이나 피부, 물처럼 부드럽거나 유연한 물질에서 소리가 나리라고는 예상하지 못했다고 말했습니다. 다음과 같은 소리들에 무척 놀랐다고 해요.

○ 종이가 바스락거리는 소리

- 가위로 종이를 자르는 소리
- 움직일 때 옷이 쉭쉭 쓸리는 소리(처음에는 상당히 거슬렸다고 합니다)
- 의자에 앉은 채로 자세를 바꿀 때 자신의 작은 체구에서 나는 소리
- 양치하는 소리
- 빗자루로 바닥을 쓰는 소리
- 물이 끓는 소리
- 손으로 거울을 닦을 때 나는 뽀득대는 소리
- 분필로 칠판에 글씨를 쓰는 소리
- 자물쇠에 열쇠를 넣는 소리
- 연필이나 펜으로 종이에 글씨를 쓰는 소리
- 물건이 바닥에 떨어지면 소리가 나서, 자신이 무언가를 떨어뜨렸음을 알 수 있다는 사실
- 자기 피부를 긁을 때 나는 소리
- 볼링장에서 볼링공이 핀을 향해 굴러가는 소리
- 수도꼭지에서 물이 흘러나오는 소리

조흐라는 이게 무슨 소리냐고 물어야 하는 때가 왕왕 있었고, 요즘도 새로운 소리를 발견하며 기뻐합니다. 저는 조흐라에게 물이 배수구로 흘러나가는 소리를 아느냐고 물었습니다. 욕조에 몸을 담글 때는 외부

장치를 귀에 낄 수 없으니까요. 조흐라가 모른다고 해서, 우리는 제 사무실에 있는 세면대에 물을 가득 채운 뒤 물이 흘러나가는 소리를 두 번 들었습니다. 조흐라는 흥미로워했고, 저도 신이 났습니다―제가 조흐라에게 새로운 소리를 알려 준 셈이죠!

    조흐라는 넓은 공간과 벽에 타일을 붙인 작은 화장실에서 소리의 울림 때문에 자기 목소리가 다르게 들린다는 사실에 감탄합니다. 최근에는 전화기 너머로 들려오는 감기 걸린 어머니의 목소리가 평소와 다르다는 것과, 사람들이 막 잠에서 깨어났을 때 목소리가 이상하다는 것을 깨달았습니다. 멀리 있는 사람의 목소리는 듣기 더 힘들다는 사실을 알아차리고도 무척 놀랐다고 해요. 이 점은 시각과 다른 것 같습니다. 시력이 정상이거나 정상 시력으로 교정된 경우에는 멀리 있는 물체가 흐릿해 보이지 않습니다. 그저 더 작게 보일 뿐이죠. 이와 달리 멀리서 들려오는 소리는 뭉개지듯 들립니다.

    그러나 제가 가장 놀란 점은 조흐라가 사람의 목소리에서 감정을 들을 수 있다는 사실이었습니다. 조흐라는 사람들의 분노와 슬픔, 웃음을 들을 수 있고, 무엇보다 중요한 것은 이러한 감각이 조흐라에게 강렬한 반응을 불러일으킨다는 점입니다. 조흐라는 누군가가

우는 소리를 들으면 즉시 연민을 느끼지만 보통 따라서 울고 싶어지지는 않습니다. 하지만 웃음소리를 들으면 따라서 웃고 싶어집니다. 사람의 웃음을 보기만 하고 듣지 못했던 때는 이런 감정을 한 번도 느끼지 못했다고 해요. 소리가 자기 기분에 이렇게 크나큰 영향을 미칠 수 있다는 사실, 말의 리듬과 강약을 통해 이토록 많은 의미와 정보, 감정이 전달된다는 사실을, 과거의 조흐라는 전혀 몰랐습니다.

조흐라가 이 이야기를 들려줄 때 제 사무실 밖 복도에서 몇몇 학생이 수다를 떨고 있었어요. 조흐라는 대화의 구체적인 내용은 알아듣지 못했지만 그 소리를, 학생들의 목소리에서 전달되는 감정의 물결을 좋아했습니다. 더 연결된 느낌, 더 사랑받는 느낌이라고요. 이런 조흐라를 보니 아기들이 말을 알아듣지는 못해도 자신을 어르고 달래는 단어를 들으면 편안함을 느낀다는 사실이 떠올랐습니다. 사람들의 목소리는 대개 조흐라의 마음을 편안하게 달래 줍니다. 소리를 듣지 못했을 때 조흐라는 분명 지독한 고립감을 느꼈을 거예요.

이제 조흐라는 사람들의 말을 이해하고 스스로도 말을 잘할 수 있으므로, 저는 조흐라에게 머릿속에서 혼잣말을 하느냐고 물었습니다. 조흐라는 그렇게 하지 않는다고 합니다. 글씨를 보고 머릿속에서 그 소리를 듣지도 않습니다. 자동차 엔진 소리 같은 환경음은 상상할 수 있지만, 단어의 소리는 머리에 그만큼 오래 남아 있지 않습니다. 그러나 한 가지 예외가 있으니, 바로 "멈춰"라는 말입니다. 조흐라는 인공와우 수술을 받고 난 뒤 자동차에 치일 뻔한 적이 있었는데, 그때 어머니가 "멈춰!"라고 외쳤다고 합니다. 그 뒤로 조흐라는 머릿속에서 "멈춰"라는 말을 들을 수 있습니다.

조흐라는 자신이 평소에 어떤 방식으로 생각하는지 제게 설명하지 못했습니다. 예를 들어 제 강의에 대해 생각할 때 강의의 내용은 떠오르지만 제가 어떤 단어를 사용했는지는 기억나지 않는다고 합니다. 박사님은 《목소리를 보았네》에서 "내면의 말"에 대해 설명하면서, 내면의 말은 단어 없이 이루어지는 말, 순수한 의미만으로 이루어지는 생각이라는 비고츠키의 말을 인용하셨죠. 바로 이것이 조흐라가 설명한 것이었습니다.

한편으로 저는 망막색소변성증으로 10대 때 시력을 잃은 제 친구의 딸 K가 떠올랐습니다. K는 점자 읽기를 좋아하고 제게 종종 점자를 가르쳐 주기도 합니다. 저는 K에게 점자를 만질 때, 이를테면 점자 A를 만질 때 무엇이 떠오르느냐고 물었습니다. 머릿속에서 A의 형태가 보일까요? 아니면 그 촉감이 떠오를까요? K는 자신이 점자를 어떻게 인식하는지 설명하지 못했습니다.

이 편지에 올리버는 이렇게 답장했다.

인공와우를 이식받은 교수님의 제자가 어떤 소리에 깜짝 놀랐는지를 상세히 설명한 목록에 푹 빠져 버렸습니다—조흐라의 경험, 두렵고 이해할 수 없고 한 번도 경험해 본 적 없는 감각이 의미 있는(그리고 때로는 아름다운) 소리의 세계로 이어지는 전 과정을 잘 묘사해 주셨습니다—저는 진심으로 (두 분이) 이 내용을 "발표"해야 한다고 생각합니다—짧은 책까지는 아니더라도, 기사로라도요—정말 놀라운 내용입니다—(성인의) 지각의 기원, 그들이 소음 사이에서 신호를 인식해 내는 과정에 관한 글은 (읽을 만한 것이) 별로 없습니다.

나는 올리버의 격려에 힘입어 조흐라의 이야기를 글로 썼고, 15세에 처음 시력을 얻은 리엄이라는 소년의 이야기와 함께 내 두 번째 책에 실었다. 올리버가 수년간 환자들과 소통하며 그들을 찾아갔듯이, 나도 이때로부터 11년을 더 들여서 조흐라와 리엄, 그들의 가족을 알아 간 뒤에 《내게 없던 감각: 보는 법을 배운 소년, 듣는 법을 배운 소녀 그리고 우리가 세계를 인식하는 방법》을 출간했다.

이리듐
생일

2010년 7월 9일

박사님의 거실 소파에 차려진 두족류 동물원에 추가로
입소할 반려 갑오징어를 보냅니다. 박사님의 멋진 새 책에
대한 감상을 적어 보낼까 했으나, 갑오징어가 이 편지로는
오직 박사님의 생일만을 축하해야 한다고 고집하네요.
이 녀석은 몹시 교활해서 반드시 박사님이 쳐다보지
않을 때만 자기 빛깔과 무늬를 바꾼답니다. 그 장면을

포착하려면 아주 영리한 전략을 쓰셔야(아니면 카나비스를 피우셔야) 할 거예요.

생일을 진심으로 축하합니다!

올리버는 내게 감사 편지를 보내며 과연 그렇다고, 그 갑오징어 봉제 인형이 정말로 빛깔과 무늬, 질감을 바꾸는데 꼭 자기가 보지 않을 때만 그런다고 말했다.

《마음의 눈》을 읽으며 생각한 것들

　　　　　비슷한 무렵인 2010년 6월 21일, 케이트가 《마음의 눈》 원고를 보내며 검토를 부탁했다. 줄표와 점들 사이에서 다양한 생각이 이어지는 올리버의 편지와 달리 원고는 물론 완전한 문장으로 쓰여 있었다. 그러나 검토를 하다 보니 쉼표가 없어도 되는 부분에 들어가 있는 것이 종종 눈에 띄었다. 이 점을 지적하자 케이트는 올리버가 그 쉼표들을 넣길 고집했다고 말해 주었다. 쉼표가 있어야 독자가 읽기를 잠시 멈출 수 있고, 그렇게 쉼표가 생각을 구획 짓는다는 것이었다.

　책의 마지막 장이 유독 인상 깊었다. 앞이 보이지 않는 사람들의 시각적 심상이 거의 존재하지 않는 수준에서 실제처럼 생생한 수준까지 매우 다양하다는 내용이었다. 그건 시력을 가진 사람들도 마찬가지라서, 2010년 여름에 나와 올리버는 자신에게 어떤 시각적 심상이 보이는지, 혹은 보이지 않는지에 관해 편지로 대화를 나누었다. 예를 들어, 나는 주기율표를 상상할 때 머릿속에서 표준 화학 교과서에 실려 있는 것과 같은 열과 행이 보이고, 집중하면 30번까지 해당 칸에 원소의 약칭을 채울 수 있다. 암산을 할 때는 머릿속 칠판에 숫자가 쓰인 것이 보인다. 그러나 올리버는 이런 그림을 떠올리지 않았다.

"주기율표에 관해서, 저는 주기와 족, 전자껍질에 전자가 채워지는 주기성(2, 8, 8, 18, 32 등) 같은 논리적인 그림이 보이는 것 같습니다…. 암산은 순식간에 하는 편인데, '머릿속 칠판'은 보이지 않고 '내면의 말'도 거의 없습니다."

그렇다면 우리는 이런 문제들을 서로 다른 방식으로 해결하는 걸까, 아니면 기본적인 메커니즘은 같지만 각자의 의식에 나타날 때 서로 다른 양상을 보이는 걸까?

《마음의 눈》 2장 '부활'을 읽으면서는 사랑하는 사람이 회복과 재활에서 얼마나 중요한 역할을 하는지 생각했다. 실어증에 걸린 올리버의 환자 팻은 결국 말 없이 소통하는 방법을 익혔지만, 팻을 격려하며 그의 이야기를 열심히 "듣는" 헌신적인 딸들이 없었다면 아마 그럴 수 없었을 것이다. 어느 날 아침 나는 이 장을 읽고 온종일 그 내용에 대해, 특히 너무나 다정하고 배려심 넘치는 팻의 딸들에 대해 생각했다. 당시 나는 아버지를 돌보고 있었는데, 내가 늘 최선을 다해 애쓰며 헌신하고 있다는 생각은 들지 않았다. 그래서 2010년 7월 19일이었던 그날 저녁, 자리에 앉아 아버지를 돌보는 일에 관해 에세이를 한 편 썼다.

아버지

84세 생일을 맞이하고 이틀이 지난 2006년 7월 14일 아침, 아버지는 몹시 우울한 기분으로 잠에서 깨어났다. 몇 년 전 아버지는 우리 집과 가까운 곳에 있는 실버타운에 입주했고, 그날 아침 전까지만 해도 자신의 삶에 만족하며 활기차게 지내는 것 같았다. 어머니가 돌아가셨을 때의 격렬한 슬픔은 지나간 뒤였다. 아버지는 새 친구를 사귀었고, 커다란 캔버스를 만들 재료와 물감을 사러 정기적으로 차를 몰고 목재상과 화방을 찾았다.

 아버지가 강렬한 감정과 반응을 보이는 것은 그리 놀라운 일이 아니었다. 예술가인 그는 늘 치열한 삶을 살았다. 성마르게 화를 내고, 터무니없을 만큼 창의적이며, 열정적으로 바이올린을 연주했다. 더 점잖고 보수적인 친구 아빠들보다 훨씬 더 재미있는 아빠였다. 하지만 아버지는 이제 자신감을 전부 잃은 것 같았다. 어르고 달래야 겨우 침대에서 빠져나왔고, 갈수록 세상과 멀어졌다. 아버지가 말을 거는 드문 사람 중 한 명이 나였고, 하루에도 몇 번씩 내게 전화해 여기가 아프다 저기가 아프다 넋두리를 늘어놓았다. 아버지를 모시고 이런저런 병원과 정신과를 찾아갔지만 의사들은 별 도움이 되지 않았으며, 아버지는 정신과 의사를 싫어했다.

나는 지쳤고 분노와 무력감을 느꼈으며 아버지에게 거부당한 느낌이었다. 어머니는 말년에 거의 아무것도 하지 못했지만 그럼에도 나는 늘 어머니를 행복하게 만들 수 있었다. 아니면 어머니 덕에 내가 그럴 수 있다고 믿었거나. 반면 아버지는 내게 미소 한번 지어 주지 않았다.

"아버지 때문에 내 삶이 망가지고 있어." 나는 댄에게 이 말을 하고 또 했다. 댄은 실용적인 방안을 제시하고 매주 금요일 오후 아버지를 모시고 바람을 쐬러 나가는 식으로 나를 도와주려 애썼다. 그러나 내가 끊임없이 불만을 곱씹자, 한때 재활의학과 의사였던 댄은 나를 만성 통증에 시달리는 환자처럼 대하기 시작했다. 아버지의 상황이 호전되지 않았기에 현실을 받아들이고 적절히 대처하는 법을 익히는 편이 나았다. 내가 아버지 일로 하소연하면 댄은 대화 주제를 바꾸었다. 나는 격분했다. 어떻게 그렇게 무정하고 냉담할 수 있지? 하지만 댄의 방식이 현명하다는 것을 서서히 깨달았다. 내 삶은 전반적으로 풍요롭고 만족스러웠고, 댄은 내가 더 균형 잡힌 시각을 되찾을 수 있도록 도우려 하고 있었다.

2년 전 어느 날 아침, 동네 병원 응급실에서 전화가 왔다. 아버지가 그날 아침 복통을 호소하며 앰뷸런스를 불렀다는 것이었다. 의사들이 꼼꼼히 진찰했지만 가벼운 변비 외에는 별다른 문제를 발견하지 못했다. 병원에 도착하니 다 해진 잠옷을 입고 응급실에 앉아 있는 아버지의 모습이 보였다. 얇고 성긴 머리카락이 지저분하게 헝클어져 있었다. 아버지에겐 신발도, 지갑도, 안경도 없었다. 나는 우선 아버지를 자동차에 태우고 병원을 출발한 뒤 분노를 터뜨렸다. 아버지 집에 도착했는데 아버지에게 집 열쇠가 없어서 실버타운 관리소에 전화를 걸었다. 직원이 열쇠를 들고 와서 조심스럽게 아버지를 집 안으로 모셨다. "혼자 걸을 수 있으세요." 나는 직원에게 퉁명스레 말하며 내 못난 모습에 비참함을 느꼈다. 집에 아무 문제가 없는지 확인한 뒤 나는 서둘러 돌아가려 했다. "오늘이 네 생일이냐?" 그때 아버지가 물었다. 내가 내일이라고 하자 아버지가 이렇게 말했다. "그래, 좋은 생일 보내라."

 2주 뒤, 여동생 생일 하루 전날에 실버타운 수간호사가 내 직장 메일 주소로 이메일을 보냈다. "아버지께서 오늘 아침 침대에서 나오기를 거부하시면서 자살하겠다고 협박하셨습니다." 나는 아버지가 자살하지 않으리라는 것을 알았다. 아버지는 원래도 감정적으로 폭발하는 일이 잦았고 극적인 상황을 잘 연출했으니까. 하지만 아버지의 이런 반응은 도와달라는 외침이었고, 내게는 아버지의 고통을 다룰 기술이나 경험이 없었다. 수간호사는 조앤이라는 이름의 여성을 "노인 사례 관리자"로 고용해 보라고 권했다. 조앤은 매우 유능하고 지식이 풍부했으며 적극적이었다. 나는 조앤 덕분에 아버지의 보호자 역할에서 벗어나 다시 아버지의 딸이 될 수 있었다.

다양한 약물을 써 봤지만 아버지의 우울은 좀처럼 나아지지 않았다. 하지만 아버지의 분노는 사라졌고, 그와 함께 나의 분노도 사라졌다. 아버지를 찾아가는 날이 다시 기대되기 시작했다. 나는 늘 밀크쉐이크를 챙기고(아버지의 몸무게는 겨우 52킬로그램이다) 그날 같이 할 일을 준비해 간다. 어떤 날은 화집을 가져가서 매끄럽게 인쇄된 그림을 같이 감상한다. 또 어떤 날은 조각이 커다란 직소 퍼즐을 준비한다. 아버지가 떨리는 손으로 힘겹게 퍼즐의 모양을 확인하고 제자리에 놓는 모습을 바라보고 있노라면 사람이 부모 앞에서 도대체 몇 번이나 비통해질 수 있는지, 너무 바쁘다는 이유로 부모를 찾아뵙지 못한 날들을 몇 번이나 자책할 수 있는지 궁금해진다.

그러나 상황은 그리 나쁘지 않다. 우리는 종종 소파에 나란히 앉아 바흐의 바이올린 파르티타 악보를 보며 음악을 듣는다. 아버지는 두 손을 들어 지휘를 하는데, 마치 허공에서 음표를 뽑아내는 것 같다. 그런 순간들은 다정함과 인자함으로 흘러넘친다. "제가 많이 사랑해요."

헤어질 때 나는 아버지의 볼에 입을 맞추며 이렇게 말한다.

"나도 많이 사랑한단다." 아버지는 이렇게 대답하고, 우리는 둘 다 평화롭다.

올리버의 책을 읽고 쓴 것이기에 나는 이 글을 올리버에게 보냈고, 그는 가슴이 뭉클했다는 감상을 전했다.

인생의 단
한 순간

2010년 11월 9일 저녁, 올리버가 《마음의 눈》 출간 기념 파티를 열어 뉴욕의 친구들(작가, 신경학자, 올리버와 밀접하게 협업하는 음악치료사, 올리버의 물리치료사와 피아노 선생님, 양치식물광 동료 등등)을 초대했다. 케이트가 내게 연락해 이 책의 등장인물 중 한 명으로서 몇 마디 해 줄 수 있느냐고 물었고, 나는 그러겠다고 했다.

그날 아침 일찍 맨해튼행 열차에 올라 그리니치 빌리지와 트라이베카를 걸어 다니며 내 짧은 연설을 중얼중얼 외웠다. 그리고 파티에서 내 차례가 되었을 때 다음 연설문을 암송했다.

2002년, 제 시력에 놀라운 변화가 일어났습니다.
저는 평생 사시인이자 입체맹인으로 살았지만 48세에 시력 훈련을 받으면서 두 눈의 초점을 한곳에 맞추고

3차원으로 세상을 보는 법을 배웠습니다. 이제 세상이 더 깊고 넓고 질감이 풍부하고 세밀해 보이고, 사물 사이의 빈 공간이 눈에 들어옵니다. 무척 기쁘지만 다른 사람들에게 이 변화를 쉽게 이야기할 수는 없었습니다. 왜냐고요? 입체시는 유아기의 결정적 시기에만 발달할 수 있고 그 시기가 지나면 결코 발달할 수 없다는 것이 반세기간 정설로 이어져 왔기 때문입니다. 제게는 매우 심오하고 기쁘고 계시적인 이 경험을 과학자와 의사가 불가능한 것으로 취급할까 봐, 제가 미쳤거나 너무 순진하거나, 그게 아니라면 최소한 과장이 심한 사람이라고 생각할까 봐 두려웠습니다.

　그래서 저는 3년간 입을 다물고 지냈습니다. 그러던 2004년 12월 말의 어느 날 밤, 제 이야기가 몸 밖으로 터져 나올 것만 같았고, 결국 일필휘지로 올리버에게 보내는 기나긴 편지를 썼습니다. 당시 올리버와 저는 잘 아는 사이가 아니었고 올리버가 입체영상을 좋아한다는 사실도 몰랐지만 그의 책은 여러 권 읽은 적이 있었습니다. 그가 쓴 글을 믿을 수 있다면, 그가 자기 환자의 말에 귀 기울였듯 제 이야기에도 귀 기울여 줄지 모른다고 생각했습니다. 실제로 올리버는 제 편지를 읽고 답장을 보내 저를 만나러 오고 싶다고 말했습니다.

　어쩜 좋지? 올리버 색스가 나를 더 자세히 알아보려고

찾아온다는 것이었습니다. 그렇다면 저도 올리버를 자세히 알아볼 필요가 있었습니다. 저는 올리버가 어떤 인물인지 알아내기 위해 그의 책들을 다시 읽었고, 무엇보다 저희 집 손님이 될 그가 무엇을 좋아하고 싫어하는지 파악하려고 했습니다. 그래서 올리버가 찾아왔을 때 저는 함께 수영을 하러 갔고, 갈색으로 푹 익은 바나나를 비롯해 올리버가 좋아하는 음식을 대접했습니다.

  올리버는 저의 입체시를 검사하려고 입체그림 장치와 도구를 잔뜩 이고 지고 왔습니다. 당시에는 그렇게 생각하지 못했지만, 올리버는 그저 제 시력이 얼마나 좋은지 확인하고 싶었던 것이 아니었습니다. 제가 3차원 세상에 어떻게 반응하는지, 이러한 변화가 더 넓은 세상에서의 제 자아 감각에 어떤 영향을 미쳤는지 알아보고 싶었던 것이었습니다. 올리버는 호기심을 보이며 저를 면밀히 살폈지만, 그와 동시에 늘 친절했고 종종 재미있었습니다. 저를 대상화하거나 내려다보는 일은 절대로 없었습니다. 이런 식으로 올리버는 저를 비롯한 많은 사람의 이야기에서 본질에 가 닿을 수 있었습니다. 이 점은 《마음의 눈》이나 올리버의 다른 책들을 읽어 보면 잘 알 수 있습니다.

  지난 5년간 우리의 관계는 작가와 글감에서 친구로

바뀌었습니다. 올리버는 훌륭한 스승이자 멘토이기도 합니다. 올리버, 실제로 당신은 저의 엉클 텅스텐입니다. 당신이 실제로 만난 적 없는 열성적인 독자들, 그리고 다른 수많은 사람에게 그러하듯이요.

멋진 책이 또 한 권 나온 것을 축하드리며, 다음 책도 기대하고 있겠습니다.

엉클 텅스텐은 올리버가 가장 좋아했던 삼촌의 별명이다. 엉클 텅스텐은 올리버를 화학의 세계로 인도했고, 올리버는 자신의 어린 시절을 돌아보는 회고록에 《엉클 텅스텐》이라는 제목을 붙였다. 마지막에 올리버가 나의 엉클 텅스텐이라고 말했을 때 누군가의 탄성이 들렸고, 나는 연설을 마친 뒤 주위를 둘러보며 올리버를 찾았다. 올리버는 두 눈을 커다랗게 뜨고 나를 똑바로 쳐다보고 있었다.

인생에는 그런 순간들이 있다. 드물긴 하지만 내 우주에 있는 모든 별과 행성이 나란히 정렬하는 것 같은 때. 이날도 그런 순간이었다. 나는 "감사합니다"라고 소리 높여 말했다.

반려 암석

올리버는 다음 날 낭송회를 하러 필라델피아로 떠났고, 나는 올리버의 사무실에 특별 선물을 남겨 놓고 왔다. 그 선물은 아름다운 '반려 암석'이었다. 이 암석은 다음과 같이 편지도 썼다.

2010년 11월 9일

올리버에게,

제 소개를 할게요. 저는 경천동지할 만큼 유구하고 유명한 역사를 가진 자랑스러운 몬슨 편마암 가족의 일원입니다. 우리 가족은 오르도비스기에 처음 등장했습니다. 그때 우리는 고대 북미 대륙인 로렌시아 연안의 이아페투스 대양 밑에 있는 섭입대에서 호상열도로 솟아올랐지요.

그리고 3억 8천만 년 전 시작된 아카디아 조산기에 대륙들이 마구 충돌하면서 녹아내렸다가, 오늘날과 같이 아름다운 줄무늬가 있는 편마암으로 재등장했습니다. 한동안 저는 매사추세츠 콰빈저수지의 물가에서 햇볕을 쬐고 있었는데, 몇 주 전 스테레오 수가 저를 집어 들더니 자기 배낭 속에 쏙 넣었어요. 그러면서 이제 저를 박사님께 데려다줄 거라고, 박사님은 그리니치 빌리지에 사는 의사인데 자기 환자들의 이야기를 글로 쓴다고 말해 주었지요. 그 말을 듣고 저는 무척 행복했어요. 저는 인간이라는 이 어리디어린 생물종의 일원들을 좋아하는 편이에요. 인간들은 우리 위에서 놀라울 만큼 빠르고 가볍게 이동하면서 우리의 아름다운 소용돌이무늬와 줄무늬를 보고 연신 감탄을 표하거든요.

저를 문이 닫히지 않게 괴어 두는 도어 스토퍼로 사용하신다면 지나가는 사람과 거미를 전부 빠짐없이 기록할 거예요. 저를 문진으로 사용하신다면 제가 지키는 글들을 직접 읽어 볼 것이고요. 박사님이 아끼는 다른 금속들과 함께 저를 선반 위에 올려 두신다면 돈독한 우정을 다질 거예요. 저는 사장석, 석영, 흑운모로 이루어져 있어서 나트륨과 칼슘, 알루미늄, 규소, 산소, 칼륨, 철, 마그네슘을 품고 있거든요.

저의 새 보금자리가 몹시 기대돼요. 실제로 저는

갈라파고스 땅거북이나 브리슬콘 소나무보다 인내심이
훨씬 강해서 이날을 수억 년간 기다려 왔답니다.
 땅속에서 시작된 마음을 담아,
 몬슨 B. 편마암 드림

올리버는 타자기로 노란색 리갈패드 종이에 답장을 써서 보냈다.

2010년 11월 11일

 수에게,

 …

오늘 필라델피아에서 돌아와 교수님의 친구 편마암 씨가
보낸 매혹적인 편지―저 대신 감사를 전해 주세요―와
함께 편지 내용처럼 무늬가 아름다운 편마암 씨를
발견했습니다. 그런데 편마암 씨가 언급하지 않은 부분이
있더군요―아마도 너무 겸손하신 듯합니다―그건 바로
편마암 씨가 오각형 대칭을 이루고 있다는 겁니다.
결정학에서 그런 대칭은 불가능하고 성립이 안 됩니다.
정육면체나 육각형 격자 형태는 가능해도 오각형은 있을
수 없는 일이에요. 그러니 편마암 씨는 초분자 대칭을

가진 '준결정quasi-crystal'입니다―적어도 저는 그렇게 생각하는데, 이 주제(여러 인물 중에서도 특히 라이너스 폴링이 말년에 몰두한 주제이지요)는 아무래도 제 이해의 범위를 벗어나네요.*

…

노란 종이에 아무렇게나 타이핑한 점, 죄송합니다―지금 당장 편지를 쓰고 싶어서 그랬습니다.

Love, Oliver

한 달 뒤 다시 맨해튼을 찾은 나는 올리버에게 작고 미스터리한 광물을 하나 건네며 무엇인지 맞춰 보라고 했다. 처음에 올리버는 긴장한 듯 그 광물을 자세히 뜯어보더니, 이내 긴장을 풀고 미소 띤 얼굴로 아파트 현관으로 걸어가서 금속 현관문에 광물을 붙였다. 내가 준비한 미스터리한 광물은 자철석이었다.

* 준결정의 발견에 관한 흥미로운 이야기를 읽고 싶다면 폴 J. 스타인하트Paul J. Steinhardt의 저서 《두 번째 불가능The Second Kind of Impossible》을 추천한다.

3부

두 개의
작별

자기 실험

그로부터 4개월이 지난 2011년 3월 17일, 올리버가 사무실에서 넘어져 고관절이 부러졌다. 수술이 필요해서 다시 병원에 입원해야 했지만 그의 기세는 좀처럼 꺾이지 않았다. 입원 기간에 올리버는 척추 마취가 자기 몸에 미치는 영향을 꼼꼼하게 기록했고, 새 책 《환각》에 들어갈 수백 단어 분량의 원고를 썼으며, 《롤링스톤》과 인터뷰를 했다. 나는 온라인에 있는 복고풍 장난감 가게에서 발견한 태엽 장난감 여러 개를 그에게 보냈다. 올리버는 특히 스테고사우루스 장난감을 좋아했는데, 힘겹게 어기적어기적 걷는 모습이 꼭 자기 같다고 했다.

따뜻한 편지, 그리고 함께 동봉해 주신 온갖—기계 장치와 언어를 활용한—퍼즐과 장난감에 감사드립니다.

덕분에 병원에 입원하고 처음 며칠간 큰 위로를 받았습니다―얼마 전부터는 글쓰기에 몰두하고 있습니다. 수영도 못 하고 체육관에도 못 가고 혼자서 산책도 못 하는 이 답답한 회복기를 글을 쓰며 버틸 수 있겠지요.
…
제 어머니가 78세에 돌아가셔서, 저는 78세라는 제 나이에 어떤 미신적인 불안감을 느끼고 있습니다. 운명의 여신들이 부디 고관절 골절에 만족했으면 좋겠습니다.

뼈가 부러진 사람은 올리버뿐만이 아니었다. 나도 2011년 11월 22일에 진창이 된 언덕을 걸어 내려가다 미끄러져서 오른팔 요골이 부러졌다. 그리고 올리버의 선례를 따라, 부러진 팔의 회복 과정을 나 자신을 실험 대상으로 하는 과학 연구로 삼기로 했다.

팔이 부러진 날, 초등학생이 주로 사용하는 흑백 표지 공책을 하나 사서 회복 일지를 쓰기 시작했다. 내 부상은 요골에만 영향을 미친 것이 아니었다. 팔이 부러지고 5일 후에 나는 일지에 이렇게 적었다. "상처 입은 동물이 된 것 같다. 깁스가 내 팔을 숨기고 보호하듯이 나도 안으로 숨어드는 느낌이다. 감각이 달라졌다. 냄새가 달라졌다. 몸이 으슬으슬하고 속이 메스껍다."

> 11/22/11
>
> I am going to learn to write with my left hand.
> The quick brown fox jumped over the lazy dogs.

11/22/11

왼손으로 쓰는 법을 익힐 것이다. 날쌘 여우가 게으른 강아지를 뛰어넘는다(A부터 Z까지 알파벳 전 글자가 들어 있는 문장·옮긴이).

나는 오른손 의존도가 매우 높은 오른손잡이였지만 이제는 거의 쓰지 않던 왼손으로 글을 써야 했고, 결과적으로 회복 일지를 통해 나의 왼손 글쓰기 발전 과정을 확인할 수 있었다. 일반 글씨체보다 필기체로 쓰는 것이 더 쉬웠다. 해부 현미경으로 내 왼손 글씨를 들여다보니, 이를테면 S 같은 글자의 곡선이 실제론 여러 개의 짧은 직선으로 이루어져 있었다. 곡선을 매끄럽게 그리려면 운동신경과 관련 근섬유가 정확히 때를 맞춰 활성화되어야 하는 것인지 궁금해졌다.

요양원에 계신 아버지를 만나러 갔을 때 어느 친절한 물리치료사가 손으로 묶고 풀 필요가 없는 고무줄 신발 끈을 주었다. 당근 썰기도 쉽지 않았는데, 왼손으로 칼의 방향을 잘 조절할 수 없었거니와 오른손으로 당근을 단단히 붙잡고 있기도 힘들었다. 하지만 팔이 부러지고 11일이 지났을 무렵에는 일지에 이렇게 썼다. "오늘 나의 왼손 사용이 크게 도약했다고 느꼈다. 글씨를 더 빠르게 쓸 수 있고 왼손에 쥔 머리빗의 촉감이 더 자연스럽게 느껴진다. 이 '자연스러운' 느낌은 뭘까?"

한 달 뒤, 아직 깁스를 한 상태로 올리버를 찾아가 왼손으로 일지를 쓴 공책을 보여 주었다. 올리버는 흥미로워하며 자세히 살펴보았다. 내가 왼손으로는 오각별을 그리기 힘들다고 말하자 올리버도 자기 왼손으로 직접 그려 보았는데 그는 별다른 어려움을 느끼지 못했다.

몇 주 뒤 깁스를 풀고 손 재활 치료를 받기 시작했고, 그 과정을 2012년 2월 6일 자 편지로 올리버에게 자세히 설명했다. 전에는 거의 모든 편지를 타자기로 썼지만 이번 편지는 그렇게 하지 않았다.

Barry, Sue

Feb. 6, 2012

Dear Oliver,

    I am beginning this letter by writing with my left (non-dominant) hand. I've been writing with it since November 22 when I fell and broke the radius bone in my right arm. Although my left-handed penmanship is wobbly and child-like, I like writing this way. I am forced to write more slowly which also slows down my thoughts and relaxes me. Last week, I was in Madrid for the presentation of the Spanish →

version of my book (_Ver en Estereo_). It was a good thing I mastered a left-handed signature because I signed a lot of books, and I couldn't have done that yet with my right hand.

    After I broke my arm, it was casted for six weeks, and, during that time, the radius bone mended itself. But it didn't heal quite right. The radius bone and the wrist bones above it are no longer in perfect alignment. The hand surgeon recommended surgery, but

Dan thought otherwise. The surgeon agreed that I could try rehab first and elect surgery later if the therapy wasn't helpful.

I really enjoy my twice-a-week hand therapy sessions. Sometimes, my forearm and hand are plunged into hot wax and then baked between hot towels to loosen up the scar tissue. Ah—that feels good! This is followed by massage and exercises.

(My hand therapist insists that I use my

right hand for writing as much as possible so I'll switch now to writing with my right hand.)

    I find working with physical therapists, occupational therapists, and vision therapists to be a bit unnerving because they can see right through me. I can't hide. When the hand therapist first asked me to bend my wrist in various directions, it was as if she asked me to bend my knee the wrong way. It took great effort and involved not just my arm but my whole body and physiology, and the therapist noticed this right away. During the first session, when I was grinding away at a supination-pronation exercise, the therapist told me to stop. "Why?" I asked because I hadn't completed the requisite number of repetitions.

"Because you've stopped breathing, your left eyelid is drooping, and the nystagmus in your eyes has really increased."

I was aware of the nystagmus because my view had become jittery. This nystagmus called "fixation nystagmus" or "manifest latent nystagmus" is present in people with infantile esotropia but is usually quite damped. I notice it from time to time, but it is rare for anyone else to see it, or comment on it.

It did not surprise me though that the therapy exercises produced such whole-body effects. When I did challenging fusion exercises in vision therapy, I would sometimes feel queasy, break out in a sweat, and develop a tremor in my hands. If these reactions were strong, I'd back off, but if these effects were mild, I'd push through them. I took them as a sign that I was putting my eyes in new positions relative to each other and learning new spatial interpretations.

Anyway, I've been practicing

my wrist exercises and just saw the hand surgeon. He agreed that the therapy is working. I may never recover full range of motion in the wrist, but I'll be able to do everything I'd like to do with it. Just a few days ago, I began playing the piano again. My fingers and wrist felt stiff, but with practice, I was able to play, with both hands, Bach's Two Part Invention #10. I played it under tempo but fluidly. That was a real 'shot in the arm'!

    I hope you, your new book, Kate, and Hailey are all happy and well.
       Love,
          Stereo Sue

2012년 2월 6일

　　올리버에게,

저는 지금 왼손(평소에 잘 쓰지 않는 손)으로 이 편지를 쓰고 있습니다. 11월 22일에 걷다가 넘어져서 오른팔 요골이 부러진 이후로 계속 왼손으로 글씨를 쓰고 있어요. 글씨가 불안정하고 어린아이 같긴 하지만 이 방식이 꽤 마음에 듭니다. 글씨를 천천히 쓸 수밖에 없어서 결과적으로 생각도 더 천천히 하게 되고 마음도 더 편안해지거든요. 지난주에는 제 책의 스페인어판 출간 기념회에 참석하러 마드리드에 갔는데요. 왼손 서명을 익히고 가서 참 다행이었습니다. 사인을 엄청 많이 해야 했는데, 아마 오른손만으로는 다 못 했을 거예요.
　　팔이 부러지고 6주간 깁스를 했고, 그사이 요골은 알아서 붙었습니다. 하지만 제대로 붙지는 않았어요. 요골과 그 위에 있는 손목뼈가 전처럼 완벽하게 정렬되지 않습니다. 의사는 수술을 권했는데, (재활의학과 의사였던) 댄의 생각은 달랐습니다. 의사도 이에 동의해서 먼저 재활을 해 보고 별 효과가 없으면 나중에 수술을 받기로 했습니다.
　　일주일에 두 번 있는 재활 훈련은 무척 즐겁습니다.

때로는 흉터 조직을 부드럽게 풀어 주려고 아래팔과 손을 뜨거운 왁스에 담갔다가 따뜻한 수건으로 감싸서 왁스를 굳힙니다. 아아―그 느낌이 얼마나 좋은지! 그 뒤에는 마사지와 훈련이 이어집니다.

(치료사가 글씨를 쓸 때 오른손을 최대한 많이 사용하는 것이 좋다고 해서 이제부터는 오른손으로 쓰도록 하겠습니다.)

저는 물리치료사나 작업치료사, 시각치료사와 함께 훈련하는 시간이 다소 긴장됩니다. 그분들은 저를 꿰뚫어 보거든요. 숨을 곳이 없습니다. 치료사가 처음으로 손목을 이리저리 굽혀 보라고 했을 때 마치 무릎을 이상한 방향으로 굽혀 보라고 하는 것 같았습니다. 엄청나게 힘들어서 팔뿐만 아니라 온몸의 기능을 다 동원해야 했는데, 치료사는 이 사실을 바로 알아차리더라고요. 첫 시간에 제가 손목을 안쪽과 바깥쪽으로 회전하는 훈련에 열중하고 있는데 갑자기 치료사가 그만하라는 겁니다. "왜요?" 정해진 횟수를 다 끝내지 않았기 때문에 저는 이유를 물었습니다.

"숨을 참고 계시고, 왼쪽 눈꺼풀이 아래로 처져 있고, 양쪽 눈의 안진˚이 심해졌어요."

- 안진 혹은 눈떨림nystagmus은 안구가 비자발적으로 흔들리는 증상으로, 영아 내사시가 있거나 생후 6개월 이전부터 사시가 있었던 사람에게 발생할 수 있다.

시야가 떨렸기 때문에 저도 안진이 나타났다는 것을 알고 있었습니다. '주시안진' 또는 '현성 잠복안진'이라고 불리는 이 증상은 영아 내사시가 있는 사람들에게 나타나지만 대개 점점 사라집니다. 저 스스로는 가끔 나타나는 것을 느끼지만, 저 말고 다른 사람이 이 증상을 알아차리거나 언급하는 경우는 거의 없습니다.

하지만 재활 훈련이 전신에 영향을 미친다는 사실이 그리 놀랍지는 않았습니다. 시각 치료를 받으면서 지난한 융합 훈련을 반복할 때 속이 메스꺼워지며 땀이 폭발하고 양손이 덜덜 떨리는 일이 많았거든요. 이런 반응이 심하게 나타나면 잠시 훈련을 멈췄지만, 그리 심하지 않으면 끝까지 참았습니다. 내가 양쪽 눈의 상대적 위치를 바꾸고, 공간을 새롭게 해석하는 법을 배우고 있다는 증거로 받아들였어요.

어쨌거나, 그간 꾸준히 재활 훈련을 하고 얼마 전 의사에게 진찰을 받았습니다. 재활 치료가 효과를 보이고 있다고 하더라고요. 손목 가동 범위가 완벽하게 돌아오지는 않을 수도 있지만, 하고 싶은 일은 전부 다 할 수 있을 거라고 합니다. 며칠 전 다시 피아노 연주를 시작했어요. 처음에는 손가락과 손목이 뻣뻣했지만 계속 연습하니 바흐의 2성 인벤션 10번을 양손으로 연주할 수 있었습니다. 느린 속도지만 물 흐르듯 부드럽게요.

그야말로 팔에 주사라도 맞은 듯 기운이 샘솟았어요!

박사님과 박사님의 새 책, 케이트, 헤일리 모두 평안하고 안녕하기를 바랍니다.

애정을 담아,

스테레오 수

이 편지로 올리버가 3년 전 무릎 인공관절 수술을 받으면서 시작된 재활에 관한 논의가 다시 이어졌다. 올리버에게 이 대화는 《나는 침대에서 내 다리를 주웠다》에서 다룬 바 있는 1974년 무릎 수술에서 촉발된 생각들의 연장이었다.

2012년 2월 24일

수에게,

왼손으로 아름답게 쓴 교수님의 6일 자 편지에 뒤늦은 '감사 인사'를 전합니다. 좀처럼 쓰지 않던 손으로 글씨를 이렇게까지 잘 쓸 수 있다니 정말 놀랍습니다. 평소 양손을 사용하던 활동(이를테면 피아노 연주나 컴퓨터 사용)은 전처럼 능숙하게 할 수 있는 것 같군요. 저는 2003년에 (오른쪽 어깨 수술을 받고) 왼손만 써야 했을 때 '독수리 타법'으로 타자를 어지간히 빠르게 칠 수 있었는데, 손글씨는 (교수님의 표현을 빌리면) "불안정하고 어린아이 같"았습니다. 팔은 어떠신지요? 팔걸이를 하셨었나요? 팔걸이를 하지 않았다면, 부러진 곳은 요골 끝인데 팔 전체(그리고 어깨까지)를 '아끼거나' '방치한' 적은 없었나요?

<u>약간</u>의 부정렬이 중요한지 아닌지는 알기 어렵다고 봅니다. 성급하게 불필요한 수술을 받기보다는 현명하게 상태를 확인하며 지켜보시리라 믿습니다.

치료사가 손목을 이리저리 굽혀 보라고 했을 때 교수님이 특수한 어려움(자율신경계 문제 등등)을 겪었다는 부분이 가장 흥미로웠습니다—깁스를 푼 후에 손목을 구부리는 것이 고통스러웠나요? 아니면 (단순히) 더 넓은 의미에서 (서서히) 상상할 수 없거나 할 수 없는 행동이 되었나요? (저는 지금 제가 다리 수술을 받고 나서 겪은 문제들을 떠올리고 있습니다.) 일부 문제는 말단부 손상 또는 장애에 대한 뇌의 반응일 수 있습니다(루리야는 이를 "뇌의 공명"이라 칭했습니다). 바흐의 2성 인벤션 외에 아르페지오도 연습에 추가하면 좋겠네요.

...

ouy

2012년 3월 17일

올리버에게,

지난번 편지에서 박사님이 던지신 질문에 많은 생각을 하게 되었습니다. 요골이 골절되고 나서 처음으로 손목을 구부리는 것이 쉽지 않았던 이유가 통증 때문인지 아니면 더 심오한 뇌의 억압 때문인지 궁금해하셨지요. 그것이 상상할 수 없거나 불가능한 행동처럼 느껴졌는지 물어보셨고요.

확실히 자율신경계 반응이 강하게 나타났습니다. 치료사가 먼저 팔을 따뜻하게 데우고 늘리고 마사지해 주었는데도, 훈련을 시작하자 속이 메스껍고 머리가 어지러웠습니다. 치료사는 훈련에 열중하는 저를 유심히 관찰하며 계속해서 호흡하라고 지시했습니다. 그러면서 어떤 환자는 훈련 중에 실신하기도 한다고 했는데, 그 말에 깜짝 놀란 제 얼굴을 보고는 자기 센터에서 실신한 환자는 지난 5년간 없었다고 덧붙였습니다.

특정 자세에서는 훈련이 더 수월합니다. 예를 들면 팔을 몸 양옆에 늘어뜨린 자세에서 오른쪽 손목을 외전하거나 내전하기가 가장 수월합니다. 팔꿈치를 구부리면 같은 동작이 더 힘들고, 팔꿈치를 구부린 상태에서 주먹까지

쥐면 더더욱 힘듭니다. 그래서 집에서 훈련할 때는 더 수월한 자세에서 시작해 더 어려운 자세로 천천히 옮겨 갑니다. 치료사는 이 동작들을 일상적인 활동에 통합해 보라고 권했습니다(사실상 그래도 된다고 허락해 준 것이지요). 실제로 시도해 보니 물과 관련된 활동이 가장 좋더라고요. 저는 보통 수영하면서 손목 움직임을 연습하고, 설거지를 하거나 빨래를 짤 때 자연스럽게 손목을 구부립니다. 이번 주에는 네 달 만에 처음으로 오른손을 사용해서 차 키로 자동차 시동을 걸 수 있었어요.

저는 손목을 신전할 때 원시 반사(영아기에 나타나는 중추신경의 본능적인 반사 작용·옮긴이)를 활용하기로 했습니다. 비대칭성 긴장성 목 반사를 활성화하면서 손목을 신전하는 것이지요. 그러니까 오른팔을 오른쪽으로 쭉 뻗고 오른손을 바라보도록 고개를 돌린 뒤 왼쪽 몸의 근육을 수축합니다. 이 자세를 취하면 오른쪽 손목을 신전할 때 저항이 덜 느껴집니다. (같은 동작을 반대로 취했을 때는 원시 반사가 왼쪽 손목 신전에 별 도움이 되지 않았는데, 애초에 왼쪽 손목을 펴는 데는 아무 문제가 없었으니까요.)

저는 재활 치료 덕분에 근래 잃어버렸던 신체 기능을 되찾을 수 있었고, 그 기능을 되찾는 것을 상상할 수 있었습니다. 딱 한 번의 예외를 빼면 제 팔과 손목이 제 몸과 연결되어 있다는 감각은 전혀 사라지지 않았습니다. 그래서 박사님이 다리를 다쳤을 때와 달리 손목을 움직이는 느낌을 상상할 수 있었어요. 그런 동작이 불가능하다고 생각되지는 않았습니다. 다만 그렇게 하면 아프거나 다른 손상이 생길까 봐 겁이 났던 것이죠.

 딱 한 번의 예외는 손목이 부러지고 3주 뒤에 일어났습니다. 첫 번째 깁스를 풀고 간단히 진찰을 받은 뒤 새 깁스를 할 때였어요. 첫 깁스를 풀자 순간 패닉이 왔습니다. 제 팔이 공간상 어디에 있는지, 팔을 어떻게 움직여야 할지 알 수 없었어요. 깁스를 풀고 새 깁스를 해 준 사람은 이런 반응이 익숙했는지, 곧바로 제게 왼쪽 팔을 이용해서 오른쪽 팔을 안아 들라고 말했습니다.

 시력 훈련을 받을 때 저는 두 눈을 새로운 방식으로 사용하는 법을 익혀야 했고, 그 과정에서 이따금 당면 과제가 할 수 없고 상상할 수도 없는 것으로 느껴졌어요. 첫 번째 돌파구는 브록 스트링에 매달린 구슬들에 차례로 시선을 고정하는 와중에 양쪽 눈이 모이고 벌어지는 것을 처음 느꼈을 때 찾아왔습니다. 그 순간이 지금도 어찌나 생생한지, 10년 전의 일인데도 여전히 상세하게 떠올릴 수 있습니다. 차에 탔을 때 운전대가 제 쪽으로 튀어나와 보였던 것도 이 경험 직후에 발생한 일이었어요. 박사님은 《나는 침대에서 내 다리를 주웠다》에서 행동이 모든 치료의 열쇠라고 말씀하셨죠. 저도 그 말에 크게 공감합니다. 제 행동에 변화가 없었더라면 지각 능력의 변화도 경험하지 못했을 거예요.

저처럼 사시가 있었던 한 젊은 영국 남성에게 흥미로운 이야기를 들었습니다. 그 청년은 시력 치료와 학업을 병행하며 중요한 시험을 준비하고 있었습니다. 검안사의 병원에서 편광 시표 보는 연습을 하면서˙ 입체 시력을 이미 습득한 상태였지만, 병원 밖에서는 입체감이 전혀 느껴지지 않았습니다. 청년은 자신이 스스로를 억압하고 있다고 생각했어요. 입체시가 집중을 방해하고 혼란을 줘서 시험을 잘 치르지 못할까 봐 마음 한편에서 입체시를 거부하고 있었던 것이죠. 학기가 끝나자 청년은 어린 시절에 살던 시골 농장으로 돌아갔고, 느긋하게 산책을 즐기던 중에 그의 눈 앞에 3차원 세상이 모습을 드러냈습니다.

또 다른 한 사시인은 시력 치료를 받다가 "입체시를 발동하는" 방법을 발견했다고 말했습니다. 특정 행동을 방아쇠 삼아 입체시를 촉발한다는 것이었어요. 이

- 편광 안경을 쓰고 편광 시표를 보면 양쪽 눈에 살짝 다른 이미지가 보이고, 이 서로 다른 이미지가 뇌에서 융합되면 단일한 이미지가 두둥실 떠오르는 것처럼 보인다. 우리가 편광 안경을 쓰고 3D 영화를 볼 때 경험하는 효과도 이와 유사한 원리다.

이야기를 들으니 박사님께서 멘델스존을 통해 다시 걷는 방법을 익힌 것처럼, 입체시를 발동하려면 뇌의 모드를 전환해야 하는 것일까 궁금해졌습니다. 그 모드는 현재의 모드와 너무 달라서 실행할 수 없거나 불가능해 보일 수도 있겠지요. 핵심은 모드를 전환하는 방법을 찾아내고, 새로운 모드에서 움직이는 것이 어떤 느낌인지를 기억하는 것입니다. 브록 스트링이 제게 해 준 것과 멘델스존의 음악이 박사님에게 해 준 것이 비슷할지도 모르겠어요—잠들어 있던 회로를 깨우고 활성화해서, 상상조차 불가능해 보이지만 사실은 더없이 자연스러운 움직임들을 조직화한 것이죠.

Love,
Stereo Sue

이 편지를 주고받은 직후인 2012년 3월 20일, 맨해튼에 방문했다가 올리버를 찾아갔다. 부엌에 나란히 서서 찻물이 끓기를 기다리는데, 올리버가 내게 재활에 관해 글을 써 보라고 말했다. 《나는 침대에서 내 다리를 주웠다》에서 자신은 재활 과정

- 《나는 침대에서 내 다리를 주웠다》에서 올리버는 다리를 다친 뒤 걷는 법을 다시 익혀야 했다고 설명한다. 그는 멘델스존의 바이올린 협주곡 E단조를 머릿속에서 재생하면서 걷는 리듬과 협응력을 되찾을 수 있었다.

에 충분히 관심을 쏟지 못했다는 것이었다. "이제 《3차원의 기적》이 끝났으니 새 책을 쓰기 시작하셔야죠"라고, 그는 힘주어 말했다. 이쯤에서 만족하는 것은 올리버에겐 있을 수 없는 일이었다.

간주곡 III

2013년에는 진심을 담아 올리버의 80번째 생일을 축하한 것 외에 그에게 거의 편지를 쓰지 못했다. 그러다 연말이 가까워질 무렵, 나는 여러 가지 소식을 담은 장문의 편지를 보냈다.

2013년 12월 29일
(사실 오늘은 26일이지만 제가 박사님께 처음 편지한 날짜가
2004년 12월 29일이라서 29일로 써 봤습니다.)

올리버에게,

새해에 늘 건강하시고 즐거운 글쓰기 생활 하시기를
바라며 편지를 씁니다. 저는 무척 바빴던 학기를
막 마무리했는데요. 학기마다 늘 새로운 이야기가

생겨납니다. 2007년에 박사님께서 《뮤지코필리아》를 출간하신 이후, 저는 제가 가르치는 수업 '예술과 음악, 뇌'를 수강하는 학생들에게 이 책을 읽고 이틀간 머릿속에 떠오르는 음악적 심상을 전부 기록하라는 과제를 내주고 있습니다. 옛날에는 학생들이 꽤 긴 음악 목록을 작성했고 자기 머릿속에서 음악이 이렇게나 많이, 또 자주 재생된다는 사실에 상당히 놀라곤 했습니다. 우리는 왜 특정 음악이 머릿속에 떠오르는지, 이러한 음악적 심상은 뇌의 어느 부위에서 어떻게 만들어지는지 알아보며 즐거운 시간을 보냈어요.

하지만 올해는 달랐습니다.

올해 학생들은 빈약한 음악 목록을 들고 왔고, 다소 부끄러워하며 머릿속에 떠오르는 음악이 거의 없다고 고백했습니다. 거의 항상, 심지어 잠들기 전까지도 아이팟이나 스마트폰에 연결되어 있어서 애초에 음악적 심상을 떠올릴 시간이 없는 것이지요. 외부의 음악이나 간섭 없이 자유롭게 딴생각을 하는 일은 좀처럼 없었습니다. 일 년 전과 비교해도 큰 변화였어요.

이러한 일반적 경향에서 벗어난 학생이 딱 한 명 있었는데, 이 학생 역시 음악적 심상은 거의 떠올리지 않았습니다. 이 학생은 중국에서 자라면서 어렸을 때부터 쭉 명상을 배웠다고 합니다. 아이팟이나 스마트폰이 없어서, 특별히 다른 일에 집중하지 않을 때는 명상으로 머릿속의 소리를 잠재웠습니다. 이 학생은 수업이 끝난 뒤 저를 찾아와서 자기도 음악적 심상을 더 많이 경험하고 싶다고 말했습니다. 저는 저 역시 머릿속 소리를 잠재울 수 있으면 좋겠다고 말했고요.

저는 평소 왕복 6.5킬로미터 정도의 거리를 걸어서 출퇴근하는데, 그때 주로 아이팟으로 음악을 듣습니다. 그러나 학생들의 이야기를 듣고 나서 아이팟을 치워 버렸어요. 그 대신 요즘은 한 지휘자가 알려 준 훈련을 하고 있습니다. 어떻게 수많은 악기의 소리를 동시에 들을 수 있느냐고 묻자 지휘자가 알려 준 훈련법이지요. 그 지휘자는 바쁘지 않은 시기에는 뉴욕의 거리를 걸어 다니며 순간순간 귀에 들려오는 모든 소리에 집중한다고 합니다. 그래서 저도 그렇게 하고 있습니다. 제가 있는 곳은 도시가 아니라 시골이긴 하지만요.

2014년 1월 4일

수에게,

12월 26/29일 자의 굉장한 편지, 감사드립니다―
교수님의 편지는 잦지는 않지만 연회처럼 풍성합니다.

교수님의 첫 편지 이후 9년이 지났다는 사실(더 암울하게는 2005년 12월에 흑색종을 진단받고 8년이 지났다는 사실)을 좀처럼 믿을 수가 없네요.

…

2007년에는 (대다수) 학생들이 (자발적이거나 비자발적으로) 음악적 심상을 경험했으나 이제는 끊임없이 아이팟이나 스마트폰에 연결되어 더 이상 음악적 심상을 경험하지 못하고 전자 음악(또는 대화나 문자)에만 푹 빠져 있다는 교수님 말씀이 흥미로웠습니다(한편으로는 우려되었습니다). 그 말은 사실상 학생들에게 내적인 사생활이 없고 뇌의 '디폴트 네트워크'가 자유로울 수 있는(상상에 빠지거나 자신을 성찰할 수 있는) 내면의 빈 공간이 없다는 뜻입니다. 저는 이러한 전자 기기들이 사회적 관계를 무너뜨리고 있음을 생생하게 느낍니다—뉴욕 같은 곳에 살면서 어떻게 그러지 않을 수 있겠습니까—전자 기기를 착용한 사람들은 사실상 자신을 둘러싼 인간적(그리고 물리적) 환경에 눈과 귀를 닫는 것입니다—그런데 교수님 말씀을 들어 보니 이처럼 전자 기기에 "연결된" 사람들은 자기 자신에게도 똑같이 눈과 귀를 닫는 것 같습니다. 자신을 둘러싼 환경뿐만 아니라 자기 자신과도 연결을 끊는 것이지요.

나 역시 학생들의 이야기를 듣고 마음이 좋지 않았다. 그래서 이듬해에 학생들에게 음악적 심상을 경험할 수 있도록 이틀간 전자 기기 사용을 멈춰 보라는 과제를 내 주었다. 학생들은 이 과제가 신선하고 흥미롭다고 여기면서도 전자 기기를 그리워해서, 이틀이 지나자마자 곧장 귀에 기기를 연결했다.

2013년 연말에 보낸 내 편지에는 아버지 소식도 담겨 있었다. 당시 아버지는 우리 집 근처 요양원에 머물고 있었고, 우울감이 극심해서 자의로는 절대 침대 밖으로 나오지 않았다.

평소 아버지는 세상에 무관심하고 혼자 동떨어져 있는 것처럼 보이지만, 최근에 아버지와 함께 행복한 순간을 경험했습니다. 당연하게도 그 순간에는 음악이 있었고요. 얼마 전 오빠가 찾아와서 우리 남매는 한참 동안 아버지에게 말을 붙였는데, 아버지는 별다른 반응을 보이지 않았어요. 그래서 저는 베토벤의 라주모프스키 사중주(op. 59, no. 1, F장조)의 도입부를 흥얼거리기 시작했습니다. 우리가 어렸을 때 아버지는 종종 다른 사람들과 실내악을 연주했고, 〈뮤직 마이너스 원Music Minus One〉 음반*에 맞춰 거의 매일 저녁 바이올린을 연습하곤 했습니다. 그래서 라주모프스키 사중주는 우리 남매에게 아주 익숙한 곡이었어요. 몸에 배어

있다시피 했죠. 오빠가 노래를 따라 부르기 시작했고,
우리는 (박사님 표현처럼) 씩씩하게 열창했습니다. 음악이
고조될수록 우리의 목소리도 점점 높아지고 커졌지요.
그런데 한창 크레센도로 나아가던 중에 노래가 갑작스레
뚝 끊겼습니다. 둘 다 다음 음정을 몰랐던 거예요. 오빠와
저는 깔깔 웃기 시작했고, 아버지도 웃음을 터뜨렸습니다.
점잖은 헛웃음이 아니라 얼굴이 구겨지고 눈에 눈물이
맺히는 박장대소였습니다. 우리가 아버지의 마음을 연
것이었어요! 저는 지금도 그 순간을 계속 되새깁니다.
그날 덕분에 일주일 넘게 행복했어요.

이에 올리버는 2014년 1월 11일 자 편지로 이렇게 말했다.

아버지께서 거리감을 드러내시다가 음정이 불확실한
순간에 함께 웃음을 터뜨리며 돌연 본래의 모습으로
돌아오셨다는 교수님의 이야기를 읽으며, 슬펐다가
의아했다가 결국 크게 감동받았습니다("야호!" 같은
느낌으로요).

- 이 음반에는 세계적인 음악가들이 연주하는 사중주와 오중주 음원
  이 담겨 있었는데, 제1바이올린 파트만 빠져 있었다. 아버지는 이 음
  반을 틀어놓고 직접 제1바이올린 파트를 연주했다.

생체전기

나는 2013년 12월 29일에 보낸 편지에서 내가 재미있게 읽은 한 기사에 대해서도 언급했다. 음악이 아니라 식물(식물의 감각과 행동, 방어 반응)에 관한 기사였다. 올리버가 사랑해 마지않는 정보이기도 했다.

12월 23일 자 《뉴요커》에 실린 마이클 폴란의 식물에 관한 기사˙ 읽어 보셨나요? 내용이 아주 훌륭해서 제가 맡은 생물학 입문 수업을 듣는 학생들에게 꼭 읽혀야겠다고 생각했습니다. 폴란은 많은 사람이 식물을

- 마이클 폴란Michael Pollan, 〈지적인 식물The Intelligent Plant〉, 《뉴요커》, 2013년 12월 23일.

수동적인 존재, "말도 없고 움직이지도 않는 세상의 붙박이 가구"로 여기며, 그 이유 중 하나는 식물들이 더 느린 시간을 살아가기 때문이라고 말합니다(여기서 박사님이 쓰신 글 〈속도Speed〉가 떠올랐습니다). 식물들이 아주 작은 부분만 남아도 다시 재생될 수 있다는 사실은 저도 늘 알았지만, 폴란은 자신의 일부가 계속해서 뜯어 먹힐 경우 그러한 특성은 필수라는 점을 지적합니다. 커피나무의 꽃꿀에 들어 있는 카페인은 화학적 방어의 역할뿐만 아니라 수분하는 벌들이 나무를 더 잘 기억하도록 돕는 역할도 할 수 있다고 하네요! 폴란은 식물들이 땅속 균근망을 통해 소통하는 방식(마음에 쏙 듭니다!)을 자세히 설명하고, 식물들의 정교한 감각력을 묘사한 다음(식물은 서로 다른 15~20개의 감각을 지니고 있습니다), 어떻게 뇌 없는 유기체가 그 모든 정보를 통합할 수 있는지 묻습니다. 이 지점에서 일부 과학자는 식물 지능을 말하고, 일부 과학자는 넋이 나가 버리지요.

　폴란은 만지면 잎을 오므리는 신경초 미모사 푸디카Mimosa pudica가 어떻게 무해한 반복적 자극에 둔감해질 수 있는지 이야기합니다. 사실 그리 놀라운 내용은 아닌 게, 신경이 없는 유기체의 둔감화가 미모사에서 처음 발견된 것은 아니거든요. 저는 제 수업을 듣는 학생들에게 H. S. 제닝스Jennings가 1906년에 발표한 뛰어난 저서 《하위 유기체의 행동Behavior of the Lower Organisms》에서 단세포 생물인 나팔벌레의 둔감화•를 설명한 부분을 읽게 합니다.

이 주제가 올리버의 구미를 건드린 모양이었다. 당시 그는 2014년 4월 24일 자 《뉴욕 리뷰 오브 북스The New York Review of Books》에 〈식물과 벌레, 그 밖의 다른 생명체의 정신 생활The Mental Life of Plants and Worms, Among Others〉이라는 제목으로 실리게 될 글을 수정하고 있었다. 2014년 1월 4일 자 편지에서 올리버는 폴란의 글에 관해 이렇게 말했다.

저도 매우 훌륭하고 <u>균형 잡힌</u> 글이라고 생각했습니다(극단적으로 흘러갈 수 있는 주제이니까요). 제가 여러 차례 읽으며 감탄했던 대니얼 샤모비츠의 책(《식물은 알고 있다》) 옆에 철해 두었지요. 제게도

- 둔감화habituation란 유기체가 반복되는 자극에 보이는 반응과 관련된 단순한 학습 형태를 말한다. 자극이 처음 주어질 때 유기체는 강렬하게 반응할 수 있다. 그러나 자극이 무해한 것으로 밝혀지면, 전만큼 강렬하게 반응하지 않거나 추가 자극에 둔감해질 수 있다. 제닝스는 담수에 사는 단세포 유기체인 나팔벌레에게 약한 물줄기를 쏴서 나팔벌레가 몸을 수축하게 했다. 계속 물줄기를 쏘자, 나팔벌레는 처음보다 자극에 훨씬 약하게 반응했다.

제닝스의 (1906년) 책이 한 권 있는데—케싱어 출판사에서 나온 재판입니다만—저도 참 좋아합니다. 특히 제닝스가 나팔벌레와 종벌레의 둔감화 그리고 민감화를 설명한 10장이 제일 마음에 듭니다(이 두 생물을 생각하면 생물학을 공부하던 시절의 아름다운 추억이 떠오릅니다).

   교수님 말씀을 듣고—최근 며칠간 몰두하던 주제였습니다—저는 딜레마에 빠졌습니다. 아시다시피 요즘 저는 (2012년 여름 블루마운틴센터에 갔을 때) 처음 썼던 에세이(가제는 '무척추동물을 찬미하며'입니다)를 만지작거리고 있는데요. 애초의 글/계획은(지금도 변함없습니다만) 동물과 식물을 비교하는 것이었습니다—식물은 땅에 뿌리박고 있어서 디오나에아Dionaea**의 감각털이나 드로세라Drosera***의 '촉수' 외에도 뿌리 끝의 중력 및 빛 감지 센서 등 여러 "장치"(다윈이 쓴 용어)를 정교하게 갖추고 있어야 하지요(그래서 유전체 크기가 거대합니다!). 이와 달리 동물은 (보통) 움직일 수 있어서 복잡하고 변화무쌍한 세상 속을 이동하며, 꽤 정교한 감각 기능과 운동

  **   식충식물인 파리지옥의 속명이다.
  ***   식충식물인 끈끈이주걱의 속명이다.

기능을 비롯해 (시냅스가 있는) 신경계가 있어서 기억과 학습이 가능하고요. 저는 이 차이를 해파리에서 지렁이, 군소, 벌레, 두족류로 사례의 '위계'를 점차 높여 가며 설명합니다만… 멋지고 단순한 원래의 식물/동물 이분법을 포기하지 않으면서 여기에 식물과 미생물을 포함할 방법이 있을까요? (물론 이 글은 본질적으로 연속성에 관한 것이고, 아사 그레이에게 보낸 편지에서 드로세라를 "멋진 식물일 뿐만 아니라 가장 영리한 동물"이라고 일컬은 다윈의 말도 인용합니다.)

나팔벌레 등은 어렵지 않게 각주에 넣을 수 있겠지만ㅡ식물은 어떻게 해야 할까요?! 방법을 알아내야 합니다.

파리지옥과 끈끈이주걱은 트랩으로 곤충을 잡아서 소화시키고, 나팔벌레는 똑같은 자극이 반복해서 주어지면 자기 행동을 수정하거나 자극에 점점 둔감해진다. 파리지옥이나 끈끈이주걱 같은 식물은, 마찬가지로 나팔벌레 같은 단세포 원생생물은 어떻게 이렇게 동물처럼 행동할 수 있는 걸까? 식물과 원생생물에게는 우리 동물 같은 신경계가 없다. 그러나 신경계는 진공 상태에서 생겨난 게 아니라, 한 세포에서 다른 세포로 신호를 보내는 데 효과적이었던 기존의 메커니즘을 토대로 발전했다. 그리고 신호를 보내거나 켜고 끄는 좋은 방법 중 하나는 이온 통로를 이용하는 것이다. 이온 통로는 열고 닫을 수 있는 세포막의 터널이라고 이해하면 된다. 이 터널이 열리면 칼슘과 나트륨, 칼륨, 염화물 같은 특정 이온이 세포막 사이를 이동할 수 있다. 신경 자극 또는 활동전위는 이 통로를 통해 이온이 이동할 때 발생한다. 식물과 원생생물에게도 이러한 통로가 있다. 나는 비동물의 이온 통로를 연구한 적이 있었기에 다음 편지에서 올리버의 딜레마를 해결할지도 모를 방안을 제안했다.

2014년 1월 19일

올리버에게,

박사님의 1월 11일 자 편지를 읽고 《식물은 알고 있다》를 한 권 구입해 재미있게 읽었습니다. 식물이 촉각에 매우 민감하고, 메틸살리실레이트 같은 휘발성 가스를 방출해 다른 잎들에게 공격이 임박했다는 신호를 보낸다는 사실을 이전까지는 알지 못했어요. 식물과 조류algae가 보내는 전기 신호에 대해서도 깊이 생각해 본 적 없었고요. 그런데 이 책을 읽고 문득 마운트홀리요크에서 학생들을 가르치기 시작한 첫해가 떠올랐습니다. 그때 제가 지도한 실험실의 학생들은 녹조류인 차라Chara의 활동전위를 기록했습니다. 차라는 세포가 거대해서 미세전극 기록이 용이하지만 세포벽을

뚫기는 다소 어렵습니다. 차라의 활동전위에서 탈분극 단계는 칼슘 이온이 유입되면서 발생하고, 그에 따라 칼슘 의존성 염화물 통로가 활성화되면서 염화 이온이 대량 빠져나가게 됩니다. 이 활동전위를 관찰하면서 가장 놀라웠던 것은 이온 전류의 특이성이 아니라 그 지속 시간이 매우 길다는 점이었어요. 차라의 활동전위는 수 초간 지속되었고, 한번 전위를 발화한 세포는 1분이 지나야 다시 활동전위를 일으킬 수 있었습니다!

  자연 상태에서 차라의 세포는 세포막이 변형될 때 활동전위를 발화합니다. 그 결과 칼슘이 유입되면 세포질 흐름이 중단되고, 이로써 손상되거나 구멍 난 세포막을 통해 세포질이 새어나가는 것을 막을 수 있습니다. 칼슘 활동전위가 발생하면 미모사 푸디카는 이파리를 오므리고, 디오나에아는 입을 닫으며, 짚신벌레는 섬모 방향의 역전이 일어납니다. 어쩌면 진핵생물에서 활동전위의 본래 기능은 신호를 빠르게 멀리 보내는 것이 아니라, 세포의 특정 영역에 칼슘을 일시에 주입하는 것이었을 겁니다. 그러면 칼슘이 온갖 다양한 변화를 일으키는 거죠. 원시적 형태의 학습까지도요.

…

그러나 칼슘 수치가 너무 높아지면 유해하기 때문에, 세포가 칼슘 전류나 칼슘 활동전위를 생성할 수 있는 빈도에 제한이 생깁니다. 따라서 활동전위를 이용해 빠르고 반복적으로 신호를 보내고 신경계를 형성하려면 우선 덜 유해한 이온을 선택적으로 전달하는 통로가 등장해야 했습니다. 그렇게 전압 의존성 나트륨 통로가 등장했는데, 아마도 이 통로는 칼슘 통로 유전자가 복제되는 과정에서 돌연변이로 나타났을 겁니다.

전기 신호를 보낼 때 나트륨 통로가 칼슘 통로보다 나은 또 하나의 장점이 있으니, 바로 스스로 차단된다는 점입니다. 나트륨 통로는 열렸다가 비활성화되는 속도가 상당히 빠르기 때문에, 하나의 활동전위 이후에 신경세포가 금방 회복되어 새로운 활동전위를 초당 수백 번까지 생성할 수 있습니다. 저와 학생들이 차라에서 관찰했던 느린 활동전위와는 전혀 다르죠.

차라와 미모사 푸디카, 디오나에아의 활동전위는 스위치처럼 작동하면서 자극의 발생 여부를 감지하고 반응을 이끌어 낼 수 있지만, 이러한 자극-반응 결합은 짧은 시간 안에 반복될 수 없습니다. 예를 들어 파리지옥의 잎이 입을 다물면 다시 열기까지 한참이 걸립니다. 하지만 세포가 더 다양한 빈도로 활동전위를 발화할 수 있으면 발화의 빈도와 패턴, 공간 분포를 통해 훨씬 많은 정보를 전달할 수 있습니다. 그리고 발화 빈도가 다양한 흥분성 세포들이 서로 연결되면 매우 민감하고 정교하게 협응하는 감각운동계를 구성할 수 있습니다.

…

이런 생각을 하다 보니 열심히 일하면서 스스로 비활성화되는 우리의 나트륨 통로(그리고 나트륨-칼륨 펌프!)에 감사한 마음이 커지면서, 과거의 전압 의존성 나트륨 통로도 스스로 비활성화될 수 있었는지 궁금해졌습니다. 나트륨 통로의 진화에 관한 논문을 조금 찾아보았는데요(편지에 동봉했습니다). 아니나 다를까 초기 형태의 나트륨 통로에도 활성 게이트와 비활성 게이트가 둘 다 존재했던 것으로 보입니다! 실제로 최초의 나트륨 통로는 동물이 아니라 동물과 깃편모충류choanoflagellate의 공통 조상에서 발생했을 가능성이 높습니다. 흥미롭게도 이 깃편모충류라는 단세포 원생생물은 세포 접착 단백질과 칼슘 결합 단백질 등 동물도 사용하는 여러 분자 메커니즘을 지니고 있습니다.

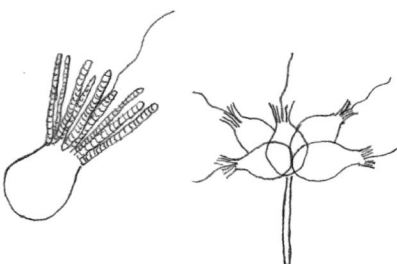

깃편모충류는 혼자 살기도 하고 군체를 형성하기도 합니다.

이상 제가 샤모비츠의 책을 읽고 한 생각이었습니다.
…

모든 감각을 담아,

Stereo Sue

2014년 1월 27일

이제 막 영국에서 돌아와서(아주 좋은 여행이었습니다) 교수님의 기막히게 멋진 편지를 읽었습니다.

이 편지에 제 모든 의문―편지로 말하지 않은 것을 포함해서―의 답이 들어 있었고 그 덕분에 동물과 식물, 원생동물을 하나로 정리할 수 있는 관점(이온 통로 등)이 생긴 것 같습니다. 특히 (칼슘이 매개하는) 느린 세포 신호 전달이 (나트륨 및 칼륨 통로의 발달로) 빠르게 전파되는 (반복 가능한) 활동전위로 진화했을지 모른다는 교수님의 생각이 흥미로웠습니다.
…

다시 한번, 10의 6제곱만큼 감사드립니다.

애정을 담아, 올리버

전쟁과 평화

나는 제러미와 줄리앤 피킷-힙스Jeremy and Julianne Pickett-Heaps가 1996년에 제작한 담수 미생물에 관한 영상 〈약탈 전략 Predatory Tactics〉을 보고 올리버도 좋아하리라 직감했다. 그래서 이 비디오테이프를 올리버에게 보내며 2014년 3월 18일 자 편지로 이렇게 말했다. "박사님이 사랑하는 나팔벌레와 다른 섬모충뿐만 아니라 담륜충, 아름다운 이끼벌레가 나오고, 녹틸루카(우리가 함께 우즈홀에서 보았던 생체발광 와편모충) 두 종류가 부족한 담륜충을 두고 다투는 모습도 볼 수 있답니다(담륜충은 세포가 천 개나 되지만 단세포인 녹틸루카보다 더 작다고 합니다!)."

이에 올리버는 2014년 6월 9일에 답장을 보내왔다.

수에게,

너무 오래 답장을 보내지 못했네요.

편지를 받은 그날 〈약탈 전략〉을 다 봤습니다―(종종 폭력적이고, 때로는 교활하고 참을성 있는) 이 미니어처 전쟁의 다채로움에 경외감을 느꼈습니다(홉스의 "만인에 대한 만인의 투쟁" 같았습니다). 이전까지는 캄브리아기가 평화로운 에디아카라기의 에덴동산을 잔인하고 난폭하게 끝장냈다고 (감상적으로) 생각했습니다만*―미생물 수준에서는 확실히 에디아카라기도 전혀 평화롭지 않았군요.

또한 애벌레와 개미 같은 곤충 영상이 담긴 놀라운 DVD 〈마이크로코스모스Microcosmos〉와 〈에퀴세툼Equisetum〉(올리버가 가장 좋아하는 식물 중 하나인 쇠뜨기)도 올리버에게 보냈다. 편지에는 이렇게 썼다. "상당히 프랑스다운 영화입니다. 두

---

* 에디아카라기(6억 3500만 년에서 5억 4100만 년 전)에 복잡한 다세포동물이 출연했으나 대부분 몸체가 부드럽고 움직이지 못했다. 이 동물들은 서로를 잡아먹는 대신 피부를 통해 영양소를 흡수하는 방식으로 생존했을지도 모른다. 캄브리아기(5억 4100만 년에서 4억 8540만 년 전)가 되자 포식동물이 다수 출현했다.

달팽이가 사랑을 나눌 때 깔리는 음악을 잘 들어 보세요." 올리버는 영상을 재미있게 보고 이렇게 답장을 보냈다. "놀라운 장면들입니다―장애물 앞에서 똥을 들어 올리려고 지렛대 등을 활용하는 쇠똥구리의 '독창성'에 감탄했습니다. 다윈도 아주 좋아했을 겁니다!"

가끔 나는 올리버가 다윈을 너무 마음 깊이 사랑해서 다윈의 눈으로 세상을 보려 하는 것 같다고 생각했다. 그리고 그건 나도 마찬가지였다. 2014년 6월 24일에 보낸 다음번 편지에서 나는 이렇게 말했다.

하지만 보다 큰 세상에서 요즘 저는 더 평화로운 이야기가
펼쳐지는 것을 바라보고 있습니다. 제 서재 창문 바로
앞에 개똥지빠귀 한 쌍이 둥지를 틀어서, 두 마리가
힘을 합쳐 출산을 준비하고 새끼를 돌보는 장면을
지켜볼 수 있었거든요. 사람들은 둥지를 짓는 것이
새들의 본능이라고 하지만, 이 말은 현실을 말도 안 되게
단순화하는 발언입니다. 박사님이 말씀하셨듯 동물들은
문제 해결사이고, 둥지를 지으려면 일련의 문제를
해결해야 합니다. 우리 개똥지빠귀들은 저희 집 바로 앞에
있는 호랑가시나무에 둥지를 지을 만큼 똑똑했습니다.
붉은어깨말똥가리가 공중에서 급강하해 둥지를

습격하려고 하면 아마 툭 튀어나온 저희 집 지붕과 충돌할 테고, 개똥지빠귀의 둥지와 호랑가시나무는 사면이 거의 덤불로 둘러싸여 있습니다.

개똥지빠귀가 새끼들을 먹이고(둥지에서 똥을 치우고!) 늘 가까이에 머물면서 수시로 경고성 울음소리를 내는 모습이 무척 인상 깊었습니다. 하지만 무엇보다 감동적이었던 것은 어미 새가 알을 품는 모습입니다. 어미 새가 인내심 있게 알을 품는 것을 지켜보자니 25년 전의 어느 저녁이 떠올랐습니다. 제 아들 앤디가 막 한 살이 된 무렵이었고, 댄이 컨퍼런스 참석차 집을 비운 날이었죠.

그날 늦은 밤에 앤디가 호흡을 힘겨워하기 시작했습니다. 저는 겁에 질려서 소아과에 전화를 걸었고, 바로 연결된 당직 의사가 후두염 증상이라고 설명하며 어떻게 해야 하는지 가르쳐 주었어요. 그래서 저는 작은 침실(그때 우리는 미시간에 살고 있었습니다)의 문을 닫고 가습기를 최대로 틀어 놓은 다음, 흔들의자에 앉아 앤디를 똑바로 안은 채 밤을 지새웠습니다. 땀으로 흠뻑 젖었지요. 하지만 가장 선명하게 기억나는 것은 그때 느꼈던 감정입니다. 이보다 더 평온하고 정신이 맑을 수 없다는 흔치 않은 감정이었어요. 그 어떤 갈등도 없었습니다. 제가 이곳이 아닌 다른 곳에 있어야 할 이유도, 아기를 안고 숨소리를 듣는 것 말고 다른 일을 해야 할 이유도 없었습니다.

  우리 인간은 자기 감정과 애증의 관계를 맺습니다. 한편으로 우리는 자신이 이성과 논리에 따라 결정을 내린다고 스스로를 속이지요. 그러나 다른 한편으로는 사랑이나 공감 같은 보다 고결한 감정을 숭고하게 여깁니다. 개똥지빠귀가 몇 시간이고 앉아 알을 품는 모습이나 날개를 펼쳐 폭풍우로부터 어린 새끼를 보호하는 모습을 지켜보면서, 앤디가 처음 후두염 증상을 보인 날 밤 제가 느꼈던 것과 같은 평온함과 단일한 목적성을 저 어미 새도 경험하고 있을지 궁금해졌습니다. 왜 아니겠어요? 강렬한 감정이 저를 더 좋은 부모로 만들어 준다면, 온 힘을 다해 새끼를 키워 내야 하는 개똥지빠귀나 다른 동물들에게도 그런 감정이 도움이 되지 않겠어요?

올리버는 2014년 6월 27일에 이렇게 답장을 보냈다.

새들이 둥지를 틀고 새끼를 기르는 모습을 (거의 다윈처럼) 묘사한 교수님의 글에 푹 빠졌습니다. 제 생각에 (이런 생각에는 늘 "감상적" 또는 "의인화"라는 딱지가 붙지요) 셰링턴이 "완결적"이라고 칭한 그 아름답고 평화로운

감정을 조류와 포유류 같은 다른 동물들도 잘 알고 있는 것 같습니다.

제 친척인 존 아우만—교수님도 제 80번째 생일에 만나 보셨을 겁니다—은 예루살렘에 합리성연구소를 세웠습니다—하지만 아우만이 이 단어를 이해하고 사용하는 방식에 따르면 "합리성"은 고결하거나 그리 고결하지 않은 모든 감정을 아우르는 용어입니다.

올리버는 내가 개똥지빠귀의 행동을 "거의 다윈처럼" 묘사했다고 말했다. 그에게 이보다 더한 칭찬은 없었다. 이 외에 올리버가 보낸 편지의 내용은 대부분 이스라엘 여행에 관한 것이었다.

많은 우려가 있었지만(1955~1956년에 몇 달간 머무른 뒤로 다시 찾아가는 것을 망설여 왔습니다) 여행은 아주 잘 끝났습니다. 올해로 100세가 된 친척을 만난 것이 특히 기억에 남습니다. 그분은 98세까지 의사로 일하며 독립적으로 생활하다가, 현재는 인생을 즐기며 (작년부터) 자서전을 쓰고 계십니다. 그 밖의 다른 친척들—사촌들과(전부 90살이 넘었습니다) 그들의 (수많은) 후손들도 만났습니다. 이제 제게 직계 가족이

없어서인지 친척들과의 관계가 매우 중요하게 느껴졌고, 친척들에게 제가 환영받고 받아들여지고 있다는 감동적인 느낌을 받았습니다.

올드시티, 그중에서도 특히 시장을 걸어 다니는 것은 무척 진귀한 경험이었습니다—무슬림과 (각종) 유대인, 기독교인, 아랍인, 팔라샤인Falasha, 몰몬교 선교사들이 한곳에 뒤섞여 있더군요—하지만 불편한 긴장감이 감돌았습니다—그래서 마지막 날 그곳에서 벗어나 차를 타고 사막을 건너 사해에 들른 것(1955년 이후로 크기가 상당히 줄었더군요), 자체 식물원 등을 갖춘 키부츠를 찾아간 것이 무척 즐거웠습니다. 모든 게 놀라웠어요. 그리고 저는 살아남았습니다—제 어머니가 이스라엘에서 심장마비로 사망하셨습니다—그래서 저도 그렇게 될 거라는 미신적 느낌이 있었지요—(상당히 비이성적이지만) 이것이 제가 그간 이스라엘을 찾지 않은 여러 이유 중 하나였습니다.

All my love, Oliver

치유적
뇌 손상

이 무렵 아버지의 상태가 놀라울 만큼 호전되었다. 나는 2014년 4월 2일에 케이트와 올리버에게 보낸 이메일에서 이 상황을 알렸다.

어제 이상한 일이 있었습니다. 감기와 여행 일정 때문에 2주간 아버지를 찾아뵙지 못하다가 어제 찾아갔는데, 간호사와 직원 분들이 2주 전쯤 아버지가 넘어져서 이마를 부딪쳤다고 말해 주었습니다. 그러면서 그날 이후로 아버지가 다른 사람이 되어 더 이상 우울해하거나 자기만의 세상에 빠져 있지 않고, 대화도 잘 나누고 밥도 잘 드신다는 겁니다. 한 간호사는 제게 "정말 다정한 분이에요"라고 말하기까지 했습니다.

제 눈에 비친 아버지는 평소처럼 우울해 보였지만 목소리에 훨씬 힘이 들어가 있었고, 고개를 왼쪽으로 돌리지 않고 두 눈으로 저를 똑바로 바라보셨습니다. 제가 늘 부르던 노래를 불러 드리니 따라 부르셨고요. 아버지의 이런 기분 변화가 오래가리라고 생각하지는 않습니다. 지난 7년간 아버지는 딱 한 번, 약 한 달간 자발적으로 우울증에서 빠져나온 적이 있었어요. 댄은 이번 낙상 사고로 "치유적 뇌 손상"이 발생한 거라고 설명하는데, 제게는 형용모순처럼 들립니다.

케이트가 이메일을 보여 줬는지 올리버가 다음 날에 실물 편지로 답장을 보내왔다.

교수님 아버지의 "치유적 뇌 손상" 이야기를 흥미롭게 읽었습니다. 뇌엽절제술과 ECT*는 물론이고 보통 PD**에 시행하는 수술(시상파괴술 등)도 전부 같은 범주에 속한다고 볼 수 있습니다—하지만 교수님 말씀대로 환자에게, 특히 PD 환자에게 현저한 기분

- * 전기충격치료electroconvulsive therapy의 약자다.
- ** 파킨슨병Parkinson's disease의 약자다.

및 에너지 변화가 <u>자발적으로</u> 나타날 수도 있습니다.
어쨌거나 이제 언제든 아버지와 함께 노래할 수
있겠군요. PD에서 나타나는 가장 격렬한 변화는
"역설운동"***입니다(《깨어남》 10~11쪽에 달아 둔 긴 각주를
참고하세요).

••• 역설운동kinesia paradoxa은 파킨슨병에서 나타나는 운동장애가 돌연 일시적으로 사라지는 현상을 말한다. 예를 들면 평소에 거의 걷지 못하던 환자가 어떠한 계기로 갑자기 달리기 시작할 수 있다.

아버지처럼

그로부터 6개월 후 아버지가 돌아가셨다. 2014년 10월 29일, 로절리와 케이트, 올리버에게 이메일을 보냈다.

로절리와 케이트, 올리버에게,

92세셨던 아버지가 지난 일요일에 의식을 잃기 시작하셨습니다. 폐에 물이 찼지만 모르핀을 놓아서 가시는 길의 고통을 덜어 드릴 수 있었어요. 저는 어제 여섯 시간 동안 아버지 곁을 지켰답니다. 아버지는 저녁 아홉 시에 돌아가셨습니다.

오빠 대니얼이 태어났을 때(그렇게 들었습니다), 아버지는 병원에서 집으로 돌아와 바이올린으로

〈대니보이Danny Boy〉를 연주하셨습니다. 저와 여동생이 침대에 누워서도 잠들지 못하고 티격태격할 때, 저희 방에 들어와 바이올린 소리로 저희를 재워주셨고요. 또 주말에 있을 사중주 연주를 위해 매일 밤 실내악을 연습하셨습니다. 이 소리들이 제 어린 시절의 배경음악이었습니다. 이보다 더 운 좋은 소녀가 있을까요?•

애정을 담아,
수

• 나는 아버지가 1940년대에 그린 자화상을 이메일에 첨부했다.

OLIVER SACKS, M.D.
2 HORATIO ST. #3G · NEW YORK, NY · 10014
TEL: 212.633.8373 · FAX: 212.633.8928
MAIL@OLIVERSACKS.COM

Nov 7/14

Dear Sue,

    I was "on the road" (Amsterdam, London, Los Angeles) for more than two weeks, and was away when your letters arrived.

    All my condolences, first, on your father's passing — what a gifted, passionate man he was, if only judging from his self-portrait — I know how intensely devoted you were to him.

Oliver

2014년 11월 7일

수에게,

그간 2주가 넘는 시간을 '길 위에서'(암스테르담, 런던, 로스앤젤레스에서) 보내느라 교수님 편지를 이제야 확인했습니다.
먼저 아버님의 부고에 심심한 조의를 표합니다. 자화상만 봐도 얼마나 재능 있고 열정적인 분이었는지 알 것 같습니다. 교수님이 아버님께 얼마나 헌신하셨는지 저는 잘 알고 있습니다.

한 달 뒤인 2014년 12월, 우리 가족은 아루바로 오래전에 계획한 여행을 떠났다. 아버지 생각에 아직 가슴이 먹먹했다. 나는 어렸을 때 아버지가 내게 써 준 편지들을 생각하다가 올리버에게 보낼 새로운 편지 아이디어를 떠올렸다.

2014년 12월 30일

올리버에게,

저는 열두 살 때 한 달간 서부 코네티컷으로 여름 캠프를

갔습니다. 숲속 오두막집에서 잘 수 있고, 차갑고 맑은 호수에서 수영할 수 있고, 식사를 시작하고 끝낼 때마다 매번 노래를 부를 수 있어서 너무 좋았습니다. 매일 점심 식사 후에 낮잠 시간이 있었는데, 그때 저는 집에 편지를 썼습니다. 아버지는 자기만의 스타일로 답장을 보내셨어요. 아버지의 편지에는 글은 하나도 없고 오로지 그림만 있었습니다.

아버지가 돌아가셔서 더 이상 아버지를 돌보는 데 시간을 쏟을 필요가 없으니, 생각이 이리저리 자유롭게 흘러 다니다 아버지의 그림 편지 같은 추억들이 자꾸만 퐁퐁 떠오릅니다. 이 추억에서 영감을 얻어, 지난주에 아루바로 가족 여행을 떠날 때 스케치북을 한 권 사서 가져갔습니다. 그리고 이번 여행 때 그린 그림으로 박사님께 일종의 그림 편지를 보내야겠다고 생각했어요. (그림은 스케치북에 그린 것을 복사했습니다.)

(아마도 아시겠지만) 아루바는 약 9천만 년 전에 카리브판의 남쪽 끝이 남아메리카판 아래로 섭입해 용암이 분출하면서 형성되었습니다. 이 섬에는 석영섬록암이 참 많아서, 결정의 크기가 가지각색인 돌들을 저도 많이 주웠습니다. 이 가여운 암석은 고된 삶을 살았답니다. 처음에 마그마로 태어났다가 지하에서 변성된 뒤 마침내 지표면 위로 밀려 나온 것이지요. 결정

크기가 서로 다른 석영섬록암 두 개를 보냅니다. 돋보기를 쓰고 관찰하실 수 있기를 바라요.

댄과 제니, 앤디, 저, 그리고 제니의 남편인 데이비드는 대형 호텔들이 늘어선 해변과 그 앞의 붐비는 도로를 마주 보고 있는 작은 호텔에서 첫 이틀을 보냈습니다. 저는 휴식과 관련된 사물들을 스케치해서 이 시간을 기록하기로 했습니다. 예를 들면,

댄의 모자:

그리고 해변용 의자:

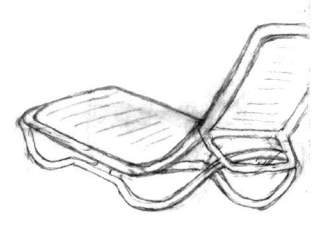

이 바보 같은 의자를 그리는 데 이틀이나 걸렸지 뭐예요. 세 번이나 다른 관광객이 제가 모델로 삼은 의자를 무심결에 옮기거나 그 위에 앉아 버린 거였죠! 처음에 이 스케치를 데이비드에게 보여 줬더니

"에셔(네덜란드의 화가로, 끝없이 순환하는 계단 등 착시 현상을 일으키는 작품을 많이 그렸다·옮긴이)가 그린 의자" 같다고 하더군요. 확실히 원근감이 안 느껴지긴 했지만 개선하기가 그리 쉽지 않았습니다. 의자의 각 부위와 모서리가 어떻게 연결되어 있는지를 자세히 관찰해야 했어요. 그러면서 의자의 각 부위를 종합해 의자 전체를 인식하는 것이 15세에 시력을 얻은 제 친구 L에게 얼마나 어려운 일이었을지 더욱 잘 이해하게 되었습니다. 마침내 그림이 그럭저럭 만족스러워진 뒤에는 더 편안하고 태평한 느낌을 주려고 모서리를 전부 부드럽게 다듬었습니다.

　우리가 묵은 호텔은 야자수와 메스키트 나무 사이에 자리 잡고 있었습니다. 둘째 날, 검은색과 흰색, 주황색이 섞인 베네수엘라 꾀꼬리를 한 마리 보았어요. 그 꾀꼬리는 세 개의 음으로 목청껏 노래 부르며 메스키트 나무의 꽃을 우적우적 베어 먹고 있었답니다. 그런데 이 나무는 이 지역 토착 식물이 으레 그렇듯 가시로 뒤덮여 있었습니다.

　셋째 날에는 섬 최북단에 있는 주택으로 숙소를 옮겼습니다. 주변이 데크로 둘러져 있고 부엌이

무도회를 열어도 될 만큼 커다란 아름다운
집이었어요. 이때 데이비드의 가족들도
합류해서 인원이 총 여덟 명이 되었습니다.
집 밖으로 바다와 사막 지형이 시원하게
펼쳐졌고, 그림 같지만 더 이상 운영되지는
않는 오래된 등대도 보였습니다.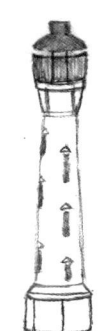

   매일 아침마다 흰끝비둘기와 열대흉내지빠귀,
열대꾀꼬리 등 수많은 새가 곧게 뻗은 야투 선인장
꼭대기에 자리 잡고 앉아, 이 키 큰 식물을 감시탑으로
활용하는 모습을 구경했습니다.

   메스키트 나무에 앉았던 꾀꼬리처럼 이
새들도 선인장의 가시가 아무렇지 않은
듯했습니다. 파충류처럼 피부가 단단해서
날카로운 가시에 찔리지 않는 걸까요?
아니면 다른 방식으로 뾰족한 식물에
적응한 걸까요? 매사추세츠의 새들도
이만큼 가시에 무던할까요?

   이 섬은 코코야자가 아주 많습니다. 비록 인간의
손길이 닿아야만 생존할 수 있지만요. 실제로 저희
가족이 국립공원 안에 있는 오래전에 버려진 코코넛
농장에 들렀을 때, 지금껏 살아남은 코코야자는 딱 한
그루뿐이었습니다. 그래도 저는 숙소 마당에 떨어져 있던

작은 코코넛 하나를 주워서 손에 쥐고
스케치를 할 수 있었습니다.

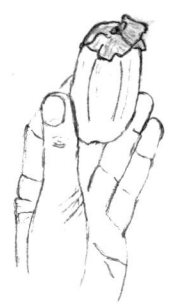

용설란도 스케치했는데요,
가운데 잎이 그리 길지 않은 것을
보니 몇 년 안 된 것 같았습니다.
용설란은 10년에서 30년가량 살다가
마지막으로 키 큰 가운데 줄기에 꽃을 피우고
죽습니다. 자식을 보거나 사랑해 줄
수 없다는 것이 제게는 무척 슬프게
느껴졌습니다.

《비글호 항해기》에서 다윈은
'오푼티아', 그러니까 손바닥선인장을
묘사합니다. "이곳에서 헨슬로 교수가 훗날 '오푼티아
다위니Opuntia darwinii'라고 이름 붙인 종류의 선인장을
발견했다. … 나뭇가지나 내 손가락 끝을 꽃 속에
집어넣으면 수술이 민감하게 반응하는 것이 놀라웠다.
꽃덮개도 암술을 감싸며 닫히긴 했지만 수술만큼 빠르게
반응하지는 않았다." 그래서 저도 손바닥선인장 꽃 안에
손가락을 여러 번 넣어 봤는데 꽃이 전혀 오므라들지
않았습니다. 이 섬에 있는 선인장이 다윈이 말한 것과
다른 종일 수도 있고, 꽃과 꽃밥이 아직 충분히 성숙하지
않은 것일 수도 있겠지요.

이번 여행에서 가장 좋았던 것은 국립공원에서 보낸 시간들이었습니다. 아름다운 하이킹 코스를 걸으며 인상적인 암반층과 바다 경치를 구경할 수 있었요. 하루는 깊게 바퀴 자국이 난 도로를 한없이 느리고 조심스럽게 달리다가, 이 상황이 어이없어서 웃던 와중에 꽃이 만개한 손바닥선인장을 힐끗 발견했습니다―담록색 선인장의 바다 한가운데 연노란색 꽃 한 송이가 피어  있었죠. 그 순간 불현듯 가슴이 행복으로 벅차올랐습니다. 이런 순간은 우리의 감각이 가장 예리하고, 살아 있다는 느낌이 가장 생생하게 느껴질 때 찾아오는 것 같습니다.

올리버, 행복한 2015년 되시길 바라며, 이처럼 행복으로 벅차오르는 순간이 많이 찾아오는 한 해가 되기를 기원합니다.

Love,
Sue

일과 사랑

2015년 2월 5일

수에게,

슬픈 소식이 있습니다. 지난달에 저의 안구(포도막) 흑색종이 간으로 전이된 것을 발견했습니다. 이 암은 원래 잘 전이되지 않는 편이지만, 저는 이 괴물이 몸에 퍼지기 전에 9년간 좋은(그리고 생산적인) 나날을 보낼 수 있었던 것에 감사하고 있습니다. 전이된 암은 치료가 쉽지 않은데, 몇몇 처치로 속도를 <u>지연시킬</u> 수는 있습니다—아마도 '생존' 기간을 6~9개월에서 15~16개월로 늘릴 수 있을 겁니다. 그렇게 늘린 몇 달이 <u>좋은</u> 시간이라면, 그 동안에 글을 쓰고(일부 또는 거의 다

쓴 책이 여러 권 있습니다), 친구를 만나고, (조금) 여행을 다니고, (철없이 군다거나 하면서) 인생을 즐길 수 있다면, 저는 그걸로 충분합니다―제가 이 상황에 '적응'하고, 사랑하는 수많은 사람과 대상에게 '작별'을 고하고, 내 인생을 '마무리'하면서 이 갑작스러운 '시간의 끝' 앞에서 평정심을 구할 수 있다면 말이지요. 지난 삶을 돌아보는 짧고 굵은 에세이(제목은 〈나의 생애〉)를 쓸 생각입니다. 흄이 (1775년에) 자신이 불치병에 걸렸음을 깨닫고 하루 만에 쓴 글처럼요.

   이 일이 닥치기 전에 자서전을 완성할 수 있어서 정말 다행입니다. 출판사 측에서도 상황을 이해하고 출간일을 9월에서 5월 1일로 앞당겨 주었습니다. 조만간 '가제본'(사진이나 인덱스 등이 없는 미수정 원고)을 받으면 이 편지와 함께, 또는 추후에 한 권 보내 드릴 예정입니다.

   우리가 처음 만난 이래 교수님은 언제나 저의 중요한(그리고 애정하는) 친구(그리고 멘토)였습니다. 앞으로 몇 달간 교수님을 (자주) 만나 뵐 수 있기를 바랍니다.

이 편지는 2015년 2월 5일에 쓰였지만 우체국 소인은

2월 24일에 찍혀 있었다. 1월에 자신이 불치병에 걸렸음을 안 올리버는 친구와 가족에게 편지를 써서 일시에 보내기로 마음먹었다. 또한 〈나의 생애〉라는 제목으로 자신의 상태에 관한 기고문을 써서, 1~2주 뒤에 발표되리라는 생각으로 《뉴욕타임스》에 보냈다. 그러나 《뉴욕타임스》는 그의 글을 즉시 싣고 싶어 했다. 올리버는 친구와 가족이 신문 기사로 이 소식을 접하는 것을 원치 않았기에 기고문이 발표되기 하루 전날인 2월 18일, 케이트가 지인들에게 전체 이메일로 올리버의 진단 소식을 알렸다.

그리하여 이 편지를 받았을 때 나는 올리버가 말기 암에 걸렸음을 이미 알고 있었다. 슬픔이 엄습했고, 답장을 써야 한다고 생각했다. 하지만 살날이 얼마 남지 않았음을 알게 된 사람에게 무슨 말을 할 수 있을까? 〈나의 생애〉에서 올리버가 계속해서 일하고 즐거운 시간을 보낼 생각이라고 말했기에, 나는 우울감에 잠식되지 않으면서도 슬픈 소식을 받아들이는 내용의 편지를 쓰기 위해 최선을 다했다. 내가 제대로 해냈기를 바란다.

2015년 2월 23일

올리버에게,

요즘 저는 책과 독자, 작가, 오래가는 책의 특징에 관해
생각해 보고 있습니다. 옛날에 재미있게 읽었던 책을 다시

꺼내 읽었는데 처음 읽었을 때만큼 흥미진진하지 않은 경우가 왕왕 있잖아요. 하지만 박사님의 글은 결코 그렇지 않습니다. 두 번 세 번 읽어도 처음 읽을 때만큼 생생해요. 이를테면 아루바로 가족 여행을 떠나기 전에 여행과 섬에 관한 책들을 읽고 싶어서 다윈의 《비글호 항해기》와 박사님의 《색맹의 섬》을 다시 읽었는데, 박사님 책은 이번에도 변함없이 전만큼 재미있었답니다.

제 생각에 이 변함없는 신선함은 박사님 글의 리듬과 자연스러운 흐름에서 나오는 것 같아요. 시나 음악은 몇 번이고 읽거나 들을 수 있듯이 말이에요. 물론 같은 곡을 하루에 100번 들으면 결국엔 질리겠지만, 적당히 자제하면 그 노래는 언제까지나 좋은 자극이 될 거고, 종종 새로운 느낌을 줄 수 있을 거예요.

《뉴욕타임스》에 박사님의 글이 실린 뒤 오빠에게서 다정한 이메일이 왔어요. "네게 아버지 같은 존재였던 분을 잃게 될지도 모르지만 그래도 너에겐 아직 의지할 수 있는 그럭저럭 괜찮은 오빠가 있단다."

박사님은 아버지처럼 제게 이름을 주셨고, 제가 새로운 정체성을 형성할 수 있도록 도와주셨고, 제게 조언과 격려, 영감, 사랑을 보내 주셨습니다.

…

좀 가벼운 이야기를 해 보자면, 저는 험악한 올겨울

날씨를 즐기고 있습니다. 얼마 전에 로버트 헤이즌의
《지구 이야기》를 읽었는데요(분명 두 번 읽어도 재미있을
책입니다). 초기 지구의 모습을 설명한 부분(화산, 격렬한
폭발, 소행성 충돌의 영향 등등)을 읽으니 최근에 있었던
폭설과 영하의 온도를 더 균형 있는 관점으로 바라볼 수
있더라고요. 산책하러 나가면 온 세상이 저주파 필터를
통과한 듯 모든 날카로운 모서리가 눈으로 덮여 둥글둥글
부드러워진 풍경이 마음에 들어요. 햇살의 각도가 딱
맞아떨어지면 눈 결정이 다채로운 빛깔로 반짝이고,
시야각이나 거리에 따라 그 빛깔이 달라지죠.

　지난여름에 야생 곰 한 마리가 저희 집에 설치한 새
모이통의 먹이를 신나게 먹어 치운 후로, 장대에 걸어
두었던 모이통을 치우고 흡착식 모이통을 창문 높은
곳에 붙여 놨습니다. 약 3주가 지나서야 모이통에 첫
새, 멕시코양진이가 날아들었습니다. '용감한 친구네.'
처음에 저는 이렇게 생각했지만, 멕시코양진이가 자기를
따라 모이통에 내려앉으려는 다른 새 두 마리를 부리로
쪼아서 내쫓는 모습을 보고 감탄하는 마음을 다시 삼켜야
했습니다. 마침내 방울새 한 마리가 용감하게 맞서며
부리로 쪼아 댔고, 멕시코양진이도 결국 먹이를 나눠 먹는
법을 배웠습니다.

　가장 감동적인 사실은 붉은 깃이 터무니없을 만큼

화려한 수컷 홍관조가 무척 소박하고 수줍음이 많다는 것입니다. 수컷 홍관조는 제 짝이 모이통에서 먹이를 먹을 때 우직하게 옆을 지킵니다. 지난여름에는 날갯짓이 어설픈 자기 새끼 네 마리가 처음으로 나는 법을 배울 때 옆에서 속을 태웠지요. 저는 거실 소파에 편안히 몸을 기댄 채 쌍안경으로 이 모든 드라마를 염탐한답니다. 여기서 제 서재 창문에 붙인 모이통이 훤히 내다보이거든요. 이만큼 호사스럽게 새를 구경하는 법이 또 있을까요.

이번 연휴에 댄이 실내 수경재배기를 만들어 줬는데, 신선한 허브들이 쑥쑥 잘 자라고 있습니다. 제일 잘 자라는 식물은 고수입니다. 그래서 저는 새로운 실험에 착수해 보기로 했어요. 많은 사람과 달리 저는 고수를 몹시 싫어합니다. 꼭 비누 맛 같아서요. 하지만 고수 애호가들에게 고수가 무슨 맛이냐고 물어보면 저처럼 명확하게 설명하지 못하더라고요. 저의 고수 혐오증이 유전적 특징에서 기인할 수도 있지만, 어쩌면 제게 고수의 맛을 음미할 잠재력이 남아 있을지도 모르잖아요. 그래서 매일 아침 고수를 몇 개씩 뜯어 먹고 있는데, 맛이 더 이상 역겹게 느껴지진 않습니다. 그렇다고 맛있다고는 할 수 없지만요. 어쨌거나 손해될 것은 없으니까요.

요즘 저희 집 앞마당의 개나리 덤불 밑에 사는 야생

토끼에게도 먹이를 주고 있습니다. 매일 채소와 허브를 주고 있는데, 관찰해 보니 밍밍한 음식은(로메인 상추와 오이) 먹지 않고 맛이 더 강렬한 채소를 선호하더라고요. 아니나 다를까 이 토끼는 고수를 특히 좋아합니다.

 사랑을 듬뿍 담아,

한 달 뒤 나는 올리버에게 스케치를 더 보냈다.

> March 30, 2015
>
> Dear Oliver,
> Last week, my family and I visited the Dominican Republic, and I drew for you 2 pictures, one of a fern:
>
> (xeroxed from my sketchbook)
>
> and the other of a cycad leaf:
>
> (xeroxed from my sketchbook)
>
> The cycad was planted, but the fern, an epiphyte, was wild and growing on a palm. I hope these would stir your paleo/mesozoic soul.
> All love, Stereo Sue

2015년 3월 30일

올리버에게,

지난주에 저희 가족은 도미니카공화국에 다녀왔어요. 박사님께 보내 드리려고 그림을 두 개 그렸는데, 그중 하나는 양치식물입니다.
　다른 하나는 소철 이파리고요.
　소철은 인간이 심은 것이었지만, 착생식물인 이 양치식물은 야자나무 위에서 야생 그대로 자라고 있었어요. 이 그림들로 박사님의 고생대/중생대 사랑이 다시 꿈틀거릴 수 있기를 바랍니다.
　사랑을 담아, 스테레오 수

　2015년 5월 19일, 올리버의 집을 찾아갔다. 얼마 전 그는 간으로 전이된 암을 일시적으로 굶겨 죽이는 힘든 시술을 받은 상태였지만, 눈에 띄게 건강해 보였고 엄청난 속도로 글을 써내고 있었다. 책과 기사, 손 글씨로 빼곡한 노란색 리갈패드가 식탁 위에 널려 있었다. 올리버는 여러 주제 가운데 우주에 떠 있는 우주비행사의 지각 능력에 관해서도 글을 쓰고 있어서 댄의 비행 경험에 관심이 많았다.
　나는 올리버에게 재미있게 읽을 수 있는 책 두 권과 짧은 쪽지를 건넸다. 쪽지는 내가 쓴 다른 편지들과 마찬가지로 가라몬드 서체 18포인트로 타이핑했다. 그런데도 올리버는 쪽지를 읽기 위해 CD만 한 거대한 돋보기를 집어 들었다.

올리버에게,

빈손으로 오고 싶지 않아서 책 두 권을 준비했습니다.
　어떻게 보면 나쁜 생각일 수도 있는 것이,
　　1. 박사님이 이미 이 책들을 읽으셨거나 대부분 아는
　　　 내용일 수 있고,
　　2. 글씨가 작고,
　　3. 글 쓰는 데 집중하고 싶으실 수 있으니까요.
　하지만 다른 한편으로 긴 안목에서 보자면 《지구 이야기》는 박사님을 위한 책입니다. 저는 저자가 원소와 분자, 암석의 기원을 설명하고 저 아래 맨틀에서 벌어지고 있는 격렬한 사건들을 묘사하며, 지구상의 방대한 광물 다양성이 생명체 덕분일 수도 있다는 짜릿한 가능성을 논하는 방식이 마음에 쏙 들었습니다.
　크립토가미코파일*로서, 어쩌면 박사님은 두 번째 책의 제목《씨앗의 승리》를 미심쩍게 바라보실지도 모르겠어요. 하지만 저는 이 책을 읽으면서 (여러 가지

중에서도) 석탄기 숲을 바라보는 신선하고 놀라운 관점, 씨앗과 인류 문명 사이의 다양한 연관성, 견과류와 설치류의 이빨이 공진화했다는 사실을 알게 되어서 무척 즐거웠습니다!

  올리버가 현재 읽고 있는 책을 내게 보여 주었다. 파블로프에 관한 커다란 벽돌책이었다. 그는 등을 대고 누워 책을 높게 치켜든 자세로 독서하는 것을 좋아해서, 몇몇 책을 여러 덩이로 자른 뒤 각각을 바인더 클립으로 고정해 놓았다.

  함께 녹차를 마시면서 올리버에게 연말에 교직에서 은퇴할 예정이라고 말했다. 충격받은 얼굴이었다. 올리버는 (프로이트의 말을 빌려) 일과 사랑이 자기 삶에서 가장 중요한 두 가지라고 쓴 적이 있다. 글쓰기는 올리버의 일에서 상당히 큰 부분을 차지했다. 나와 알고 지낸 10년간 그는 연이은 외상에도 굴하지 않고 굵직한 책을 네 권이나 집필했다. 우리가 처음 편지를 주고받기 시작했을 때 올리버는 IBM 셀렉트릭 타자기로 두 손가락을 이용해 편지를 썼다. 그리고 이것이 힘들어지자 손으로 직접 편지를 썼다. 말년의 몇 주간은 다른 사람에게 편지를 받아쓰게 했

- 크립토가미코파일cryptogamicophile은 내가 지어낸 단어다. 양치식물을 포함한 은화식물cryptogamous plants은 씨앗이 아닌 포자로 번식하는 식물로, 올리버가 가장 좋아하는 식물이기도 했다. 그리하여 크립토가미코파일은 양치류 애호가를 의미했다.

다. 그는 한 번도 일과 글쓰기를 멈추지 않았다. 그래서 나는 편하게 쉬려는 게 아니라 글을 더 많이 쓰기 위해 은퇴하는 것이라고 황급히 덧붙였다. 실제로 충격받은 올리버의 얼굴이 내내 잊히지 않아서 그 기억을 원동력 삼아 내 두 번째 책 《내게 없던 감각》을 완성했다.

헤어지며 포옹을 나눌 때가 되자, 나는 양팔을 벌리고 올리버에게 성큼성큼 다가가 (올리버의 귀가 안 좋았기 때문에) 아주 큰 목소리로 "사랑합니다"라고 말했다. 올리버도 알 거라고 생각했지만, 다시 만날 기회가 있을지 알 수 없었기에 소리 내어 직접 말하고 싶었다.

2015년 6월 6일

수에게

책을 정말 많이 안겨 주시는군요(정말 많이요!) ― 전부 훌륭한 책입니다. 《지구 이야기》를 한창 읽는 중인데, 헤이즌이 화학과 지질학, 암석학, 광물학을 생명체와 연결해서 설명하는 방식이 아주 마음에 듭니다. (이제 막 시작된) 이런 설명 방식은 20년 전에는 상상조차 할 수 없었지요.

…

우주에서의 감각(그리고 생각과 감정)에 대한 댄의 설명을 재미있게 들었습니다—(댄이 허락해 준다면) 현재 쓰고 있는 우주(에 존재한다는 것)에 관한 짧은 글에 일부를 인용하고 싶습니다.

댄은 곧 있을 로봇 축제(아니면 쇼나 경기, 게임인가요)에 여념이 없겠군요. 《네이처》 5월 28일 자(이걸 보니 'A.I.'와 제가 학생이었던 1948년에 직접 본 그레이 월터의 자율 로봇 '거북이'가 떠올랐습니다. 개념적이고 기술적인 측면에서 지난 20년간 이뤄진 놀라운 발전에 대해서도 생각해 보게 되고요)에도 푹 빠져 있을 테고요. 참으로 멋진—우주 탐험과도 관련된—주제입니다.

love,
olly

납 생일

2015년 5월의 만남은 우리의 마지막 만남이 아니었다. 2015년 7월 9일, 82세 생일을 맞이한 올리버는 늘 그래왔듯 자기 아파트에서 생일 파티를 열었다. 이번이 올리버의 마지막 생일임을 본인도 알고 우리도 모두 알았지만, 그는 연민의 대상이 되거나 죽음에 관해 이야기하고 싶어 하지 않았다. 올리버와 케이트는 언제나처럼 훈제 연어와 초밥을 준비했고, 이내 스물다섯 명의 손님들이 식사를 하며 두런두런 대화를 나누기 시작했다.

올리버와 나는 우리의 우정이 피어난 주제, 바로 시력에 관해 이야기했다. 그가 거실 옆에 있는 작은 방으로 나를 데려가서 멸종한 절지동물인 삼엽충 화석을 보여 주었다. 5억 4천만 년 전에 생성된 이 삼엽충 화석들은 눈으로 이미지를 형성할 수 있는 동물의 존재를 명백하게 드러낸 최초의 화석이었다. 비록 7주 뒤 세상을 떠났지만 이날 올리버는 다음에 무엇을 쓸지 여전히 고민하고 있었고, 여러 동물이 세상을 보는 다양한 방식에 호기심을 느꼈다. 그는 성게의 경우 수많은 관족에 빛을 감지하는 세포가 있다고 신난 듯이 말했다. 그러면서 성게로서 세상을 보는 것은 어떤 경험일지 궁금해했다.

한번은 문어를 관찰하는데, 지능이 대단히 높은 생명체인 문어가 자신이 문어를 관찰하듯 똑같이 집중해서 자신을 뜯어보는 것처럼 느껴졌다고 했다. 올리버는 문어뿐만 아니라 우리 인간처럼 커다란 전방향 눈을 가진 여우원숭이에게도 친근감을 느꼈다. 실제로 그는 그다음 주에 여우원숭이 센터를 방문하러 노스캐롤라이나로 떠날 예정이었다.

이 대화를 나눈 직후 댄과 나는 시간이 늦기도 했고 올리버가 다른 손님들과 대화를 나누고 있어서 조용히 아파트에서 나왔다. 올리버는 눈물 젖은 작별 인사를 원하지 않았다.

올리버의 이야기를 듣고 나서 나 자신이 동물을 관찰했던 경험을 돌이켜보았다. 나는 과연 동물들을 주의 깊게 관찰하며 마음까지 읽어 낼 수 있을까? 그리고 이틀 뒤 그에게 다음 편지를 보냈다.

2015년 7월 11일

올리버에게,

댄과 저는 박사님의 생일 파티에서 무척 즐거운 시간을 보냈어요. 초대해 주셔서 정말로 감사합니다.

다른 동물들의 시각에 관한 이야기와 박사님을 관찰하는 문어를 관찰하셨다는 일화가 인상 깊었어요. 박사님 말씀을 들으니 몇 년 전 학교에서 인간과 다른 동물의 주시 안정화gaze stabilization에 대해 가르칠 때 경험한 개구리와의 특별한 만남이 떠올랐습니다.

저는 학생들에게 서로를 바라보며 전정안구반사와 (커다란 세로 줄무늬 우산을 빙빙 돌려서) 시선이동안진을 관찰해 보라고 했습니다.* 그다음 우리는 가재가 눈운동 검사통 속에서 자루처럼 생긴 눈으로 시선을 이동하는 모습을 관찰했습니다. 가재는 안구 운동의 측면에서 우리 인간과 비슷하게 행동했지만, 그 가재에게 특별한 친밀감이 느껴지지는 않았습니다. 그런데 제가 개구리, 평범한 표범개구리(라나 피피엔스)를 집어 든 그때

- 전정안구반사는 고개를 움직일 때 시선을 안정적으로 고정하는 안구 운동이며, 시선이동안진은 고개를 고정한 채 시선이 움직이는 물체를 따라갈 때 발생하는 안구 운동이다.

우리의 눈이 딱 마주쳤어요. 개구리의 눈에서 두려움이 보였고, 그 두려움은 제가 인간의 눈에서 발견하는 두려움만큼이나 뚜렷했습니다. "걱정 마렴, 꼬마 친구." 저는 개구리에게 말했어요. "아프게 하지 않을게. 그냥 너를 어떤 장치에 올려놓고 몸을 한쪽 방향으로 기울여서, 네 고개가 반대쪽 방향으로 기울어지는 것만 보여 줄 거야." 개구리는 이 과제를 훌륭하게 수행했습니다. 하지만 이날 일이 이후로도 제 마음에 남아 개구리에게 친밀감을 느끼게 한 것은 우리 둘이 남몰래 시선을 교환했기 때문이었어요.

그날 그 개구리와 함께 겪은 사건이 또 하나 있습니다. 수업이 끝난 뒤 저는 두 개 층 아래에 있는 수족관에 다시 데려다주려고 개구리를 배양접시에 넣고 손바닥으로 위를 막았습니다. 하지만 그건 좋은 생각이 아니었어요. 2층 계단참에 도착했을 때 손이 미끄러지는 바람에 개구리가 배양접시 밖으로 튀어나와 뻥 뚫린 계단 사이로 떨어져 버렸지요. "조심해요!" 저는 아무것도 모르고 1층에 서 있던 학생에게 소리쳤습니다. "개구리 떨어져요!" 그리고 바로 눈을 감아 버렸는데, 바닥에 추락한 개구리의 상태를 차마 볼 수 없었기 때문입니다. 하지만 눈을 떠 보니 개구리는 폴짝폴짝 뛰어다니고 있었어요. 깜짝 놀라서 정신이 반쯤 나간 학생과 함께 개구리를 붙잡아 수족관에 되돌려놓기까지는 시간이 좀 걸렸습니다. 저는 개구리가 내상을 입었을까 걱정스러워서 그날 이후로 2주간 매일매일 상태를 확인했어요. 개구리는 건강해 보였습니다. 몸통이 넓고 질량이 작아서 큰 충격 없이 가뿐하게 착륙할 수 있었던 것 같아요.

박사님이 곧 읽을 예정이라고 말씀하신 닐슨의 책은 랜드Michael F. Land와 닐슨Dan-Eric Nilsson이 공동으로 집필한 《동물의 눈Animal Eyes》이겠지요? 저는 그 책을 읽고 겉으로는 괴상해 보이는 비둘기의 행동을 이해할 수 있게 되었어요. 비둘기들은 먹이를 찾아다닐 때 고개를 계속 까딱거리잖아요. 걸을 때 고개가 먼저 앞으로 나간 뒤 나중에 몸이 따라갑니다. 그렇게 고개를 딱 붙잡아 놓으면 시선을 안정적으로 고정할 수 있어서, 옆에 있을지 모를 맛 좋은 먹이를 놓칠 일이 없지요.

전방향 눈을 가진 우리의 친척, 여우원숭이와 함께 좋은 시간 보내시기를, 이미 다녀오셨다면 좋은 시간 보내셨기를 바랍니다. 안구 운동 연구에 따르면 마카크원숭이는 안구 운동 속도가 인간보다 빠르다고 해요. 여우원숭이도 안구 운동계의 슈퍼스타일지 몰라요!

    사랑을 담아,

Stereo Sue

마지막
인사

올리버는 생일 파티 때 여우원숭이를 보러 다녀오고 난 뒤 다시 병원에 가야 한다고 말했다. 불길한 소식이었다. 8월 9일, 나는 올리버가 좋아하는 동물들을 그려서 카드를 보냈다.

그해 여름 내내 나는 올리버를 생각했다. 일상 속에서 올리버에게 전할 재미있는 동물 관련 사건이 없나 계속 찾아다녔다. 결국 마지막 편지가 된 다음 편지에서 나는 기러기들과 여우가 만난 사건을 그림과 함께 묘사했다.

2015년 8월 18일

올리버에게,

어제 자전거를 타고 마운트홀리요크 캠퍼스에 있는 호수 쪽으로 향하던 중에 붉은여우 한 마리가 물가로 다가가는 것을 발견했어요. 윤기 나는 털을 가진 어리고 호리호리한 녀석이었죠. 여우가 물가에 도착하자, 기러기 다섯 마리가 여우 바로 앞까지 일렬횡대로 헤엄쳐 다가왔습니다.

저는 더 자세히 관찰하려고 자전거에서 내렸어요. 이 기러기들에게는 새끼가 있는데, 새끼 기러기는 어디에도 안 보였어요. 곧이어 여우와 기러기들 사이에 눈싸움이 시작되었답니다. 시간이 한참 흐른 뒤, 여우가 몸을 돌려 키 큰 풀 사이로 사라졌어요. 자신이 방금 기러기 다섯 마리에게 졌다는 사실을 숨기려는 듯 의기양양한 발걸음으로요. 그러자 기러기들은 일렬횡대를 풀고 뒤돌아서 고개를 꼿꼿이 치켜든 채 멀리 헤엄쳐 사라졌답니다.

기러기 다섯 마리 중 네 마리는 캐나다기러기였지만 나머지 한 마리는 하얀 거위였어요. 캐나다기러기는 왔다가 다시 떠나지만, 이 흰 거위는 영영 호수에서 살고 있답니다. 학생들에게 '호르헤'라는 이름을 얻고 자기 페이스북 페이지까지 있는 캠퍼스 마스코트가 됐지요. 호르헤는 호수에 찾아오는 새 떼 무리라면 기러기든 오리든 가리지 않고 어울려 지내면서도, 그 새들이 떠날 때는 따라가지 않고 홀로 남아요. (호르헤도 자기 짝을 간절히 원한 적이 있을까요?) 어제 캐나다기러기들이 자기 새끼를 지키고 섰을 때 호르헤도 옆을 꼿꼿이 지키고 서 있었어요(엄밀히 말하면 떠 있었던 거지만요). "잘한다, 호르헤!" 저는 다시 자전거에 올라타며 이렇게 외쳤어요. 다른 기러기들은 꿈쩍도 안 했는데 호르헤만 뒤돌아서 저를 바라보았답니다. 호르헤가 제 목소리에 반응한 건 이번이 처음이 아니에요. 제 생각엔 호르헤가 자기 이름을 아는 것 같아요.

> Sending all good thoughts and wishes your way.
>
> All my love,
> Stereo Sue

좋은 생각과 소망을 박사님께 담뿍 보내며.
    사랑을 담아,
    스테레오 수

    나는 올리버와 호르헤가 비슷하다고 말했어야 한다는 걸 나중에야 깨달았다. 올리버와 호르헤 둘 다 (이른바) "미운 오리 새끼"였지만 가장 취약한 존재를 위해 치열하게 싸웠다.
    올리버는 세상을 떠나기 겨우 3주 전에 내게 마지막 편지를 보냈다. 그때 그는 빠른 속도로 상태가 나빠지고 있었지만 케이트와 사무보조원 헤일리 파커, 연인 빌리 헤이스의 도움을 받아 친구들에게 계속해서 편지를 보냈다. 2010년 이후로는 내게 늘 손 편지를 썼으나 이제는 그럴 수 없을 만큼 약해져서, 이 마지막 편지는 다른 사람에게 받아쓰게 했다.

편지는 "수에게"가 아니라 "친애하는 수에게"라는 말로 시작했다. 이 인사말을 보니 2009년 12월에 올리버와 나눈 대화가 떠올랐다. 그때 올리버는 "친애하는"이라는 말로 편지를 시작하는 것이 마음에 들지 않는다고 말했다. 그는 "친애하는"은 잘 모르는 사람에게도 쓸 수 있는 일반적인 인사말이 아니라, 자신이 정말로 소중히 여기는 사람에게만 쓰는 표현이어야 한다고 생각했다. 그래서 올리버가 "친애하는 수에게"라는 말로 운을 뗐을 때, 나는 여기에 진심이 담겨 있음을 알았다.

사실 이 편지는 내가 호르헤 이야기를 전한 편지보다 9일 앞서 쓰였지만, 2015년 8월 30일에 세상을 떠난 올리버의 이 편지로 마지막을 장식하고 싶었다.

2015년 8월 9일

친애하는 수에게,

2004년에 교수님의 일지를 발췌한 첫 번째 편지를 받았을 때, 우리의 첫 만남에서 이렇게 돈독한 우정이 피어나게 될 줄은 저도 교수님도 몰랐습니다. 그 우정은 점점 크기를 넓혀 댄까지 아우르게 되었지요. 지난달 제 생일 파티에서 두 분을 만날 수 있어서 무척 기뻤습니다.

유감스럽게도 지난 한 달간 제 상태가 급속도로

악화되었습니다. 몸이 극도로 허약해졌고 매일 복수가 1리터 이상 차서 아침저녁으로 빼내고 있습니다. 허나 큰 불편은 없고, 케이트와 빌리가 이루 말할 수 없이 헌신적으로 지원해 주는 덕분에 힘닿는 한 활발하게 지내며 계속해서 글을 쓰고 있습니다. 그러나 우주 생활에 관한 글을 포함해 진행 중인 여러 프로젝트를 과연 끝낼 수 있을지 잘 모르겠습니다. 지금은 컨디션이 좋지 않아 손님을 맞이하거나 전화를 받지 못하고 있는데, (너무나도 멋진 조그만 그림들이 들어 있는) 교수님의 편지는 늘 즐겁게 받아 보고 있습니다.

   이 편지가 마지막 작별 인사는 아니지만, 그날이 점점 가까워지고 있는 듯합니다. 제가 이번 달을 넘길 수 있을지 모르겠어요.

   그간 교수님과 나눈 깊고 고무적인 우정은 지난 10년간 제 삶에 추가로 주어진 뜻밖의 멋진 선물이었습니다. 진심으로 감사드립니다.

      사랑을 가득 담아,

감사의 말

　이 책은 우정과 편지, 올리버 색스에게 부치는 찬가입니다. 다정하고 따뜻하게 제 말에 귀 기울이고, 제게 자신감과 목소리를 찾아 주고, 자신의 생각을 나눠 준 올리버에게 감사드립니다. 이제 우편함으로 향하는 제 발걸음은 발신인 주소 옆에 잘생긴 오징어 그림이 있는 허레이쇼 스트리트에서 온 편지를 기다릴 때만큼 기대감으로 가득 찰 수 없을 것입니다.

　올리버의 오랜 편집자로서 우정과 지지, 현명한 조언을 베풀어 준 케이트 에드거에게 크나큰 빚을 졌습니다. 처음 저희 집을 찾아온 올리버에게 케이트는 어떤 사람이냐고 묻자, 그는 이렇게 대답했습니다. "케이트는 판단력이 아주 좋아요." 올리버의 사무보조원인 헤일리 보이치크와 헤일리 파커에게도 감사드립니다. 올리버의 편지를 출간할 수 있도록 허락해 준 올리버 색스 재단에도 깊은 감사를 전합니다.

올리버의 소개로 만난 친구 로절리 위나드에게도 감사드립니다. 제게 우정과 직접 찍은 사진, 통찰을 나눠 주었고, 올리버와 케이트를 만나러 가는 행복한 시간을 함께해 주었습니다.

뉴욕과 매사추세츠 사이에서 올리버와 저의 편지를 믿음직스럽고 빠르게 전해 준 미 우편국에 감사하다는 말도 빼놓을 수 없을 것입니다.

시력 훈련을 통해 세상을 처음 3차원으로 보는 놀라운 경험을 이끌어 준 저의 담당 검안사 테레사 루지에로에게 감사드립니다. 제가 결정적 시기와 입체시의 회복에 관한 내용으로 올리버에게 편지를 쓸 때, 테레사 외에도 검안사 폴 해리스와 레너드 프레스가 저를 도와주었습니다. 라디오 프로그램 〈모닝 에디션〉에서 '양안시가 되다: 수전의 첫눈'이라는 제목의 방송을 제작해 준 미국공영라디오의 로버트 크럴위치, 저와 올리버를 영상으로 찍어서 유튜브에 올려 준 뎀프시 라이스에게도 감사드립니다.

제가 편지를 쓰던 시기에 우정과 격려를 베풀어 준 신시아 보르가르와 캐럴 키오디, 앨런 콥시, 케이트 에드거, 바버라 에를리히, 대니얼 파인스타인, 데버라 파인스타인, 재니스 그르체진스키, 캐슬린

잭슨, 엘리자베스 콘, 프리실라 만드라키아, 클레어 슈브, 엘리자베스 소콜로우, 로즈 앤 와서먼, 로런스 웨슐러, 로절리 위나드, 마운트홀리요크칼리지의 동료 레이철 핑크, 린다 래더라, 앤디 래스, 존 렘리, 크리스 파일, 빌 퀼리언, 스탠 라추틴, 마거릿 로빈슨, 다이애나 스타인에게 감사드립니다. 이 책의 초고를 읽어 준 앨런 콥시와 케이트 에드거, 대니얼 파인스타인, 레이철 핑크에게 특별히 감사를 전합니다. 모든 실수는 저의 책임입니다.

  앞선 두 저서 때와 마찬가지로 출간 제안서에서 실제 책 출간에 이르기까지 전 과정을 이끌어 준 가라몬드에이전시의 귀중한 제 에이전트, 리사 애덤스에게 감사드립니다.

  소철 입체사진을 만들어 준 앤디 배리, 올리버와 저의 사진을 찍어 준 로절리 위나드, 나침반 모자의 사진을 찍어 준(그리고 그 모자를 만들어 준!) 댄 배리, 아름다운 오징어 배아 사진을 제공해 준 캐런 크로퍼드, 매직아이 책의 입체영상을 제공해 준 톰 바치와 체리 스미스, 파이퍼의 그림을 실을 수 있게 도와준 리나 그라나다, 올리버가 우리 집을 찾아왔을 때 찍은 사진을 제공해준 고故 랠프 M. 시결과 그의 아내 재스민 시결에게 감사드립니다.

이 책의 가능성을 발견해 준 익스페리먼트출판사의 매슈 로어와 바트야 로젠블룸, 특히 늘 독자를 생각하라고 격려하며 책을 꼼꼼하게 편집해 준 바트야에게 감사드립니다. 편집장 잭 페이스와 글을 세심하게 교열해 준 줄리앤 바르바토, 교정을 맡아 준 앤 J. 키르슈너, 책 표지와 내지를 디자인해 준 베스 버글러에게도 감사드립니다.

언제나처럼 자녀 제니와 앤디 배리, 둘의 배우자인 데이비드 게르만과 카트야 코셀레바, 손녀 제시와 곧 태어날 손녀를 비롯한 온 가족에게 감사드립니다. 그리고 누구보다, 제가 망설일 때 용기를 북돋아 준 대담무쌍한 남편 댄 배리에게 감사를 전합니다. 반세기 동안 즐거움과 사랑, 지지를 베풀어 준 댄에게 이 책을 바칩니다.

텍스트 및 이미지 저작권 정보

본문

○

<u>올리버 색스의 편지</u>   © 2005, 2006, 2007, 2008, 2009, 2010, 2011, 2012, 2014, 2015 by Oliver Sacks. 편지 원문과 이미지 사용은 Oliver Sacks Foundation과 The Wylie Agency의 허락을 받았다. 편지에 수록된 모든 삽화는 올리버 색스가 직접 그렸다.

별도 표기가 없는 한, 수전 배리의 편지에 수록된 모든 삽화는 수전 배리가 직접 그린 것이다.

<u>10쪽 사진</u>   © Rosalie Winard

<u>115쪽 그림</u>   John Walker, fourmilab.ch/cgi-bin/Solar

<u>228쪽 사진</u>   © Dan Barry

<u>231쪽 그림</u>   Norton Juster, Jules Feiffer, *The Phantom Tollbooth*. 글 © 1961, 1989 by Norton Juster | 그림 © 1961, 1989 by Jules Feiffer. Brandt & Hochman Literary Agents, Inc.의 허락을 받아 사용했다.

<u>298쪽 사진</u>   © Kate Edgar

<u>351쪽 그림</u>   © Malcolm Feinstein

부록

○

1   © 1993 Magic Eye Inc.

2   © Karen Crawford

3   © Andrew J. Barry, Susan R. Barry

4   Bela Julesz, *Foundations of Cyclopean Perception*, fig. 2.4-1, © 2006 Massachusetts Institute of Technology, by permission of The MIT Press.

5, 6   © Ralph M. Siegel

7   © Rosalie Winard